創客・自造者

工作坊
WORKSHOP

AI Arduino！

進擊の

人工智慧互動遊戲機

內含
Arduino
Nano
相容板

Fighting
Start！

感謝您購買旗標書，
記得到旗標網站
www.flag.com.tw
更多的加值內容等著您…

● FB 官方粉絲專頁:旗標知識講堂

● 旗標「線上購買」專區:您不用出門就可選購旗標書!

● 如您對本書內容有不明瞭或建議改進之處,請連上
旗標網站,點選首頁的 聯絡我們 專區。

若需線上即時詢問問題,可點選旗標官方粉絲專頁
留言詢問,小編客服隨時待命,盡速回覆。

若是寄信聯絡旗標客服 emaill,我們收到您的訊息後,
將由專業客服人員為您解答。

我們所提供的售後服務範圍僅限於書籍本身或內容
表達不清楚的地方,至於軟硬體的問題,請直接連絡
廠商。

學生團體　訂購專線:(02)2396-3257 轉 362
　　　　　傳真專線:(02)2321-2545

經銷商　　服務專線:(02)2396-3257 轉 331
　　　　　將派專人拜訪
　　　　　傳真專線:(02)2321-2545

國家圖書館出版品預行編目資料

FLAG'S 創客‧自造者工作坊:進擊的 Arduino !
AI 人工智慧互動遊戲機 / 施威銘研究室 著 --
臺北市:旗標, 2017.11　面;　公分

ISBN 978-986-312-477-1 (平裝)

1. 微電腦　2. 電腦程式語言　3. 機器人

471.516　　　　　　　　　　106015403

作　　者／施威銘研究室

發 行 所／旗標科技股份有限公司

　　　　　台北市杭州南路一段 15-1 號 19 樓

電　　話／(02)2396-3257(代表號)

傳　　真／(02)2321-2545

劃撥帳號／1332727-9

帳　　戶／旗標科技股份有限公司

監　　督／陳彥發

執行企劃／陳彥發

執行編輯／汪紹軒

美術編輯／薛榮貴

原型設計／汪紹軒

封面設計／古鴻杰

校　　對／陳彥發‧汪紹軒

行政院新聞局核准登記 - 局版台業字第 4512 號

ISBN　978-986-312-477-1

版權所有‧翻印必究

Contents

01 揭開 AI 人工智慧的面紗

「像人一般的機器」，這個夢想如你我所知仍未實現，只存在漫畫、電影的虛構情節中。不過近年來我們看到電腦在西洋棋、圍棋的實力壓倒性地超越人類，我們才驚覺 AI 人工智慧的發展超乎想像，電腦的聰明才智好像距離我們越來越近了。

現今 AI 的成果並非一日千里，而是數十年來持續發展的結果。以家用電風扇為例，小時候家裡的電風扇按下 **ON** 就開始轉動、按下 **OFF** 就關閉風扇，其他包括：強、中、弱、轉動等功能，完全是由使用者來決定。而你目前在賣場上會看到新型風扇具備恆溫自動調節功能，可以依據環境溫度自動調整風力強弱，就是融入 AI 概念所設計出來的產品。

AI 是現在科技新聞中最火熱的話題，從自駕車到下圍棋，從客服接待到醫療診斷，AI 已經悄悄滲透進我們的生活之中，但真正了解 AI 的人卻是少之又少，有人說 AI 是有智慧的機器人，也有人說 AI 是萬事通，究竟什麼是 AI，「他」會是人類最好的夥伴，還是毀滅人類的敵人呢？

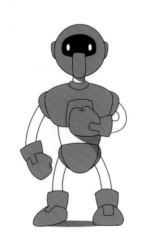

1-1 AI 的發展與侷限

一直以來，人類所製造的機器具備固定的功能，依照相同的模式持續運作，直到故障損壞為止。那機器有沒有可能像人一般地思考和判斷，然後因時制宜做出不同的回應與動作呢？科學家懷抱著這樣的夢想，而提出 AI 的理論。AI 是 Artificial Intelligence 的縮寫，依字面上翻譯即是**人工智慧**。

風扇懂得依環境來調整風力,自然是負責產品設計的工程師事先賦予的功能,工程師先在電風扇上安裝溫度感測裝置,然後將目標溫度設定在人體感到舒適的 24 度左右,若偵測到的溫度高於這個數字很多,風力就調到最大;若接近 24 度則風力調弱。一開始 AI 的發展就像這樣由人類透過程式,將各種不同情況的應對方式記錄到機器中,使用者可能會以為這部機器好厲害,殊不知其所有的能力都是工程師所賦予的。

但這樣做有個問題,如果遇到了工程師沒考量到的情況,例如:當溫度低於 24 度時,風扇不知如何應對,仍會繼續開著,使用者越吹越冷,就會忍不住關掉風扇。負責設計風扇的工程師如果知道這個情況,下一代產品自然會想辦法加入如何應對的方法,但…使用者這麼多,風扇還有可能被拿來吹地板、吹乾衣服或吹頭髮……,只靠幾位工程師根本無法猜測到所有可能發生的情況,這是 AI 發展的一個瓶頸。

由於設計者無法預測所有狀況以及機器運行效能的侷限性,AI 技術勢必需要有更具彈性、更有效率的做法。

1-2　AI 的革命-機器學習

過去的 AI 只會依據工程師設計好的程式來應對,如果遇到工程師沒預料到的狀況,它就不會執行任何動作,這樣無法替人們解決更多問題。

因此有人提出了新的方法,那就是讓機器自我學習,如果機器能夠效仿人類的學習方式,透過反覆的訓練,找出問題的解答,那就不用工程師把每個問題的答案都告訴機器,只要給它足夠的資料和學習時間,它便能完成你要它執行的任務。

例如要讓 AI 下西洋棋,你不需要把每種可能的應對方法都告訴它,你只要告訴它把對方的國王吃掉就是勝利,那麼它就會開始不斷嘗試,一直反覆下棋,直到它取得勝利為止,與人類不同的是,AI 需要更多次的學習經驗,它可能要下上千盤,甚至上萬盤的棋它才能學會,但好處是這過程中完全不用工程師的介入,而且現在電腦的執行速度相當驚人,所要花費的時間越來越短。

機器學習這個方法成為了現在 AI 發展的主流,只要我們把最終的目標告訴 AI,它就能透過不斷的嘗試來學會一件事,像是近來出盡鋒頭的 AlphaGo 也是利用這個方法,先學習高手的棋譜,再和自己對弈幾萬盤的棋,最終才站上圍棋界的頂端。除了棋盤上的應用,日常生活中,小從智慧手機的語音助理、推銷電話黑名單、垃圾郵件過濾、網路相簿分類,大至自駕車發展、醫療診斷、工業自動化生產…都可以見到機器學習的應用案例。

本套件也是利用了機器學習來發展 AI 互動遊戲機，你可以打造屬於自己的 AI，將它植入到自製掌上型遊戲機正面對決，並能親眼見到機器學習的過程，從一開始什麼都不會到最後百發百中，試問身為人類的你準備好應戰了嗎？

Memo

02 組裝你的 AI 遊戲機

動動你的雙手，自行將遊戲機組裝起來，你馬上就能和 AI 展開一場精采的對決。

LAB 1 零件盤點

在開始組裝我們的遊戲機之前，請先盤點一下套件內的零件，確認一下是否都齊全，並了解所有零件的外觀，減少之後裝錯的可能性。

- **雙色 LED 矩陣模組** 1 個：5 支針腳，每個點能顯示紅綠雙色，所以能顯示紅色、綠色、及紅綠混色(橘色)。

- **搖桿模組** 1 個：5 支針腳，搖桿除了能往上下左右撥動，搖桿下方有設計一個按鍵可以按壓。

- **喇叭** 1 個：能發出音效及各種聲音。

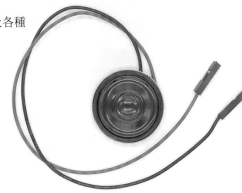

- **Arduino Nano** 1 片：遊戲機的控制中心，可使用套件內附的 MicroUSB 傳輸線與電腦連接，用來燒錄程式。

● **萬用連桿** 2 條：藍、黃雙色，做為遊戲機內部主要的固定結構，使用時可以直接用手折斷，不過**請注意！先不要急著馬上折斷**，請依照後續說明操作，否則後續組裝會裝不起來。

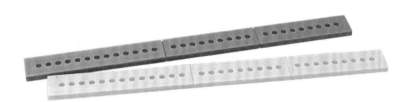

背面有電源開關

● **雙母頭杜邦線** 20 條：用來連接 Arduino Nano 與零件和模組的線路，杜邦線的顏色只做為識別，功能都是一樣的，可依照個人喜好自行使用。

● **電池盒** 1 個：使用 4 顆 4 號電池，背後有開關，本套件不含電池，請自行準備。

● **螺絲(短)** 5 顆：長度為 12mm，不同長度的螺絲請勿混用，以免影響遊戲機組裝的穩固性。

● **螺絲(長)** 3 顆：長度為 16mm，實際會用到兩顆，預留一顆備用。

- **螺帽** 8 顆：用來固定螺絲，長短螺絲
  的螺帽共用，預留 1 顆。

- **遊戲機紙模**：分成兩個部分，1 個是外殼，1 個是內部的固定板。

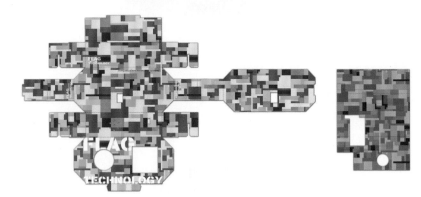

 本套件會提供紙模的電子檔，您可以自行列印後剪裁下來，另外
旗標公司也提供了 3D 列印外盒供您選購，如有需要可以到 FB 搜
尋 "**旗標創客‧自造者工作坊**" 與我們聯絡。

LAB 2 組裝你的遊戲機

1. 接上電路

　　首先要將 LED 矩陣、搖桿、喇叭等模組，利用杜邦線連接到 Arduino
Nano 上。

① 將杜邦線撕成 5 條、5 條、2 條，
  共 3 組

② 參考右表，將喇叭接上 Arduino Nano。

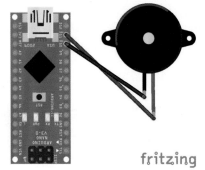

fritzing

喇叭	Arduino Nano
紅線	D11
黑線	D10

❸ 再利用另 5 條杜邦線，
參考右表，將 LED 矩
陣模組也接上 Arduino
Nano。

雙色 LED 矩陣模組	Arduino Nano
DIN	D12
CLK	D9
STB	D8
GND	GND
VCC	5V

❹ 最後用 5 條杜邦線，參考右表，
將搖桿模組接上 Arduino Nano。

搖桿模組	Arduino Nano
GND	D13
+5V	3V3
VRx	A0
VRy	A1
SW	D2

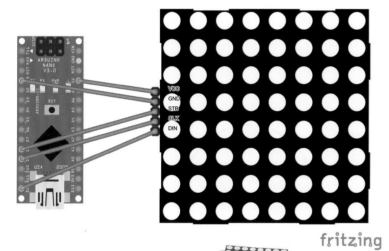

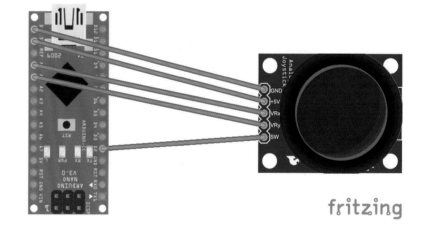

fritzing

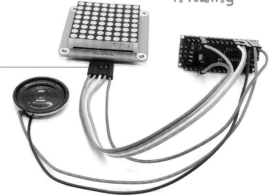

腳位由左而右依序為：
VCC、GND、STB、
CLK、DIN

腳位由左而右依序為:GND、
+5V、VRx、VRy、SW

2. 組合內部電子零件

　　模組都接到 Arduino Nano 上後，接下來要進行遊戲機內部結構的組裝。

① 先前有提過，遊戲機內部結構是以兩支萬用連桿所組成，一條萬用連桿共有 3 段，分別是 9、9、13 孔。請依照下圖折成我們需要的長度，為了方便後續說明，我們將它們命名為**藍桿**、**短黃桿**、**長黃桿**。

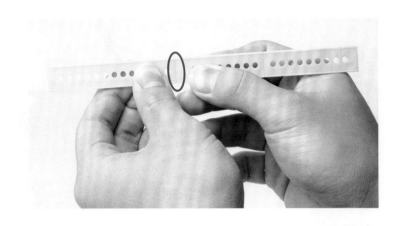

長黃桿：兩截，9 孔＋9 孔

短黃桿：一截，13 孔

藍桿：9 孔＋13 孔

② 先將短螺絲由下穿過**長黃桿**折斷處數來第 5 個孔，再將**短黃桿**折斷處數來第 4 個孔對準後放上去，如圖所示。

折斷處 ——　　　　　　　　　　—— 折斷處

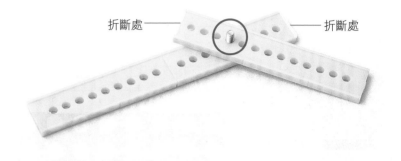

③ 確認**長黃桿**、**短黃桿**的孔位對準無誤，就可以套上螺帽，徒手直接鎖上即可。

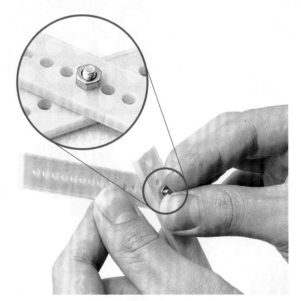

④ 將模組反過來平放於桌面上、針腳朝左，再將長螺絲從下方穿過左上、右下對角的孔洞。

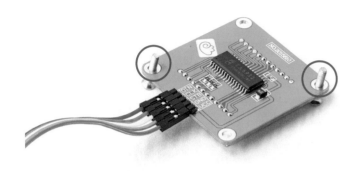

⑤ 將步驟 3 的**黃桿**放置於 LED 模組上，**短黃桿**在最上方、其左右兩端的孔洞對準長螺絲後，加上螺帽鎖住固定。

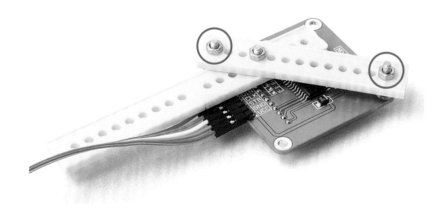

 只有這個地方是使用**長螺絲**，其餘固定時都使用短螺絲。並請注意！這裡並不用鎖到底，只要剛好能讓矩陣模組固定在連桿上即可，避免連桿有變形的現象。

⑥ 再來要將搖桿固定於黃桿上。先將兩顆短螺絲穿過搖桿模組的下方兩孔 (針腳朝左)，再對齊**長黃桿**左邊數來的第 3 孔和第 8 孔，螺絲穿過孔洞後加上螺帽鎖緊。

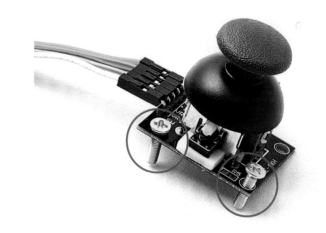

⑦ 接著取出**藍桿**，先以折斷處穿過**短黃桿**和 LED 矩陣模組中間，再用短螺絲穿過搖桿模組的上方兩孔，對齊藍桿左邊數來的第 3 孔和第 8 孔，加上螺帽鎖緊。

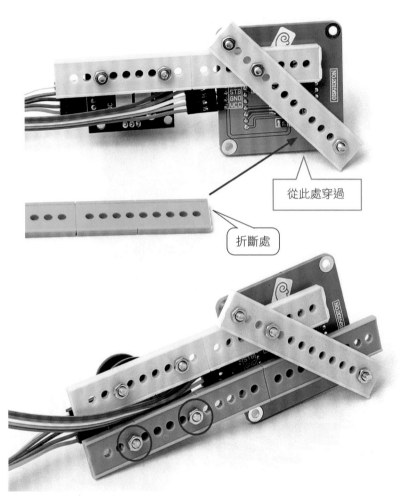

從此處穿過

折斷處

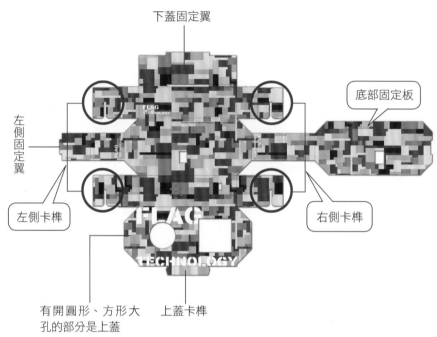

下蓋固定翼

左側固定翼

底部固定板

左側卡榫

右側卡榫

有開圓形、方形大孔的部分是上蓋

上蓋卡榫

3. 組合遊戲機外殼

　　內部結構和電子元件都組裝好了，接著就是要將遊戲機放入紙模盒中，並加以固定，方便日後操作遊玩。

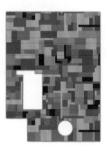

這張是要置於紙模盒內部的固定座

① 先將紙模兩側的卡榫扣起來，卡榫的上下插耳要朝向紙模盒內側。

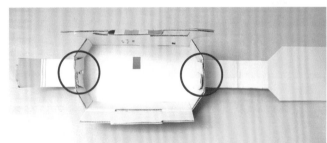

注意！卡榫的插耳要在紙盒內側

② 將左側的固定側翼往內折，下方的固定翼也一併內折壓實，可以先用手暫時固定。

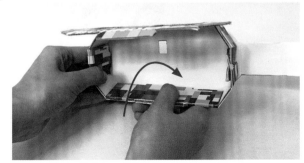

③ 再將紙模盒底部固定板由右往左反折包住右邊側卡榫，然後向下壓實，卡住左側固定翼與下蓋固定翼，下方預留的電池盒開關孔洞會剛好對齊。

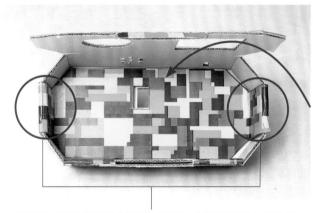

請注意！這兩處請用力壓緊、壓實，以確保紙盒的穩定性

④ 將自備的 4 顆 4 號電池裝入電池盒。

⑤ 將電池盒放置到遊戲機紙模中,電池盒靠左、開關朝下放入 (如右圖所示)。

⑥ 將紙模的內部固定座部分取出,折成倒過來的凹字型,並從上方將中間的兩個折角下壓。

⑦ 將內部固定座放入盒中,凹字型的兩側會剛好罩住電池盒,兩個折角則會卡住電池盒,即可固定於盒子中。

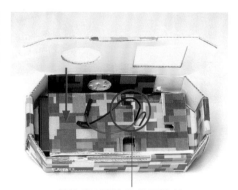

請注意!電池盒的兩條線要從此缺口穿出來

4. 合體

最後一個步驟要將遊戲機主體放進紙模外盒中,接上電池盒就大功告成了!

① 將剛剛組好的內部零件放置到紙模外盒的上蓋,搖桿和 LED 矩陣要從內部對齊上方的圓孔和方孔,輕輕施力將 LED 矩陣和搖桿模組壓下、突出紙模外固定。

正面圖

② 將電池盒上的黑線接上 Arduino Nano 的 GND,紅線接上 Arduino Nano 的 VIN。

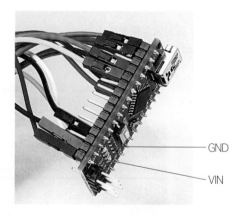

GND

VIN

③ 讓 Arduino Nano 的接線朝左,以左手持 Arduino Nano,將後方抵住固定板的缺口,右手如圖將固定板的右方往後壓,再慢慢將 Arduino Nano 卡進固定板的缺口中。

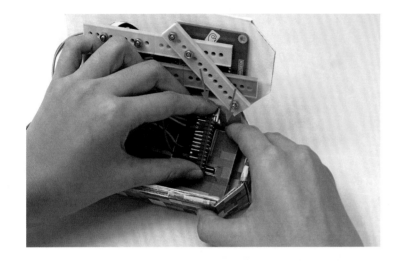

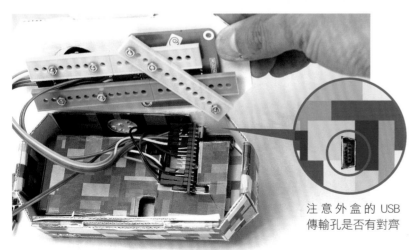

注意外盒的 USB 傳輸孔是否有對齊

卡進去後會如圖所示

④ 再將喇叭夾在紙模外盒和固定座之間的位置,將喇叭黑色面對齊紙模預留的發聲孔。

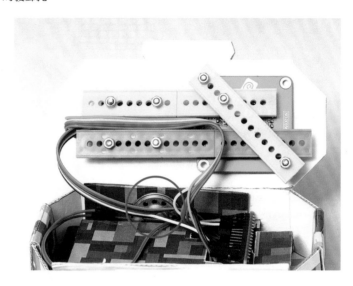

⑤ 將內部線路整理成束、壓平線路,再將蓋子蓋上、扣上扣環,即可完成組裝。

完成圖正面

Arduino Nano 連接孔

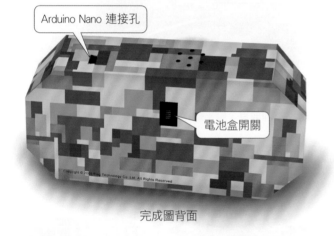

電池盒開關

完成圖背面

啟動 AI 遊戲機!

一切準備就緒,就可以啟動 AI 遊戲機了!

AI 人工智慧不會平白誕生,因此剛開始遊戲機預設是學習模式,會從一直漏接的遜咖,一步一步進化提升,經過幾分鐘後就幾乎到達百發百中的目標,這時 AI 算是訓練完畢,再切換到互動遊戲模式,你就可以跟 AI 對決了。

① 先開啟遊戲機底部的電源。

② 一開始會看到螢幕閃爍數字 3,這個數字代表 AI 接球的球板寬度,可以使用搖桿左右切換不同的寬度,總共有 3 種寬度,數字越小、球板越小,對 AI 的挑戰性也越大。通常維持預設的 3 就可以了,選擇好按一下搖桿即可。

③ 按下搖桿按鈕後，遊戲就開始了，此時會停留在初始畫面幾秒鐘，接著馬上會看到 AI 在控制球板，學習如何玩這個遊戲。

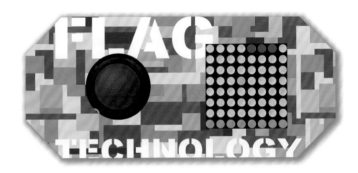

④ 預設是處於學習模式，也就是讓 AI 自我訓練，您可以觀察 AI 的學習過程與行為，若是覺得它學得很慢，也可以將搖桿往上撥，來加快球跑動的速度，搖桿往下撥則能將速度調回來。

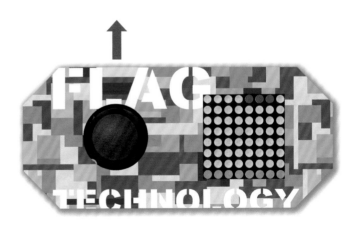

⑤ 在學習模式按下搖桿按鈕，此時會進入對決模式。

⑥ 在對決模式您可以利用搖桿的左右方向來控制球板，跟上球的速度，盡可能接住迎向你的球，建議先將速度調慢一點，否則可能完全跟不上，會讓你士氣大挫。

 如果暫時不玩了，也可以再次按下搖桿按鈕進入作弊 (學習) 模式。

　　在對決模式時 AI 也會學習，只要學習的時間夠充分，基本上 AI 就立於不敗之地；雖然如此，輸給自己打造的人工智慧，也是一種特別的體驗！

03 用 Arduino 解放你的創客夢

Arduino 是創客文化中最知名的微控制器，很多玩家利用它開發出了各式各樣的專案，我們也將使用 Arduino 作為 AI 遊戲機的開發平台，因此在開始之前我們先來學習如何操縱這塊神奇的板子。

3-1 認識 AI 的大腦-Arduino

Arduino 的出現，目的是為了簡化 MCU(Microcontroller)嵌入式應用開發流程，降低學習門檻，讓更多人能快速投入嵌入式系統的開發。

Arduino 系列的開發板，有許多不同的型號，其中最常見的便是 Arduino Uno，Uno 是義大利文中「1」的意思，代表初代版本，因為其價格低廉且易入門，所以有廣大的愛好者。而本套件所使用的是 Arduino Nano，比起 Uno 有更小的體積，更方便於開發較小型的創客作品，例如本書的互動遊戲機。

Arduino Nano
相容開發板

Arduino 會大量普及並廣為接受，很重要的原因就是其硬體採開放架構，其內部硬體線路設計完全公開，開放讓所有玩家或廠商可以自行研究與生產，所以市面上也有眾多 Arduino 相容開發板，這些相容板的功能與原廠相同，提供給開發者更多樣化的選擇。

Arduino 開發平台包括 Arduino 開發板，及 Arduino IDE(整合開發環境)，一般提到 Arduino 時，有時是指整個軟硬體平台，有時則單指硬體開發板或軟體的開發環境。

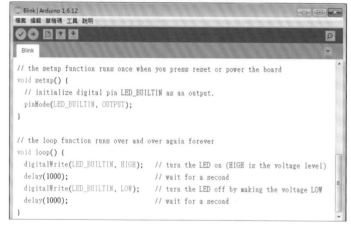

```
// the setup function runs once when you press reset or power the board
void setup() {
  // initialize digital pin LED_BUILTIN as an output.
  pinMode(LED_BUILTIN, OUTPUT);
}

// the loop function runs over and over again forever
void loop() {
  digitalWrite(LED_BUILTIN, HIGH);   // turn the LED on (HIGH is the voltage level)
  delay(1000);                       // wait for a second
  digitalWrite(LED_BUILTIN, LOW);    // turn the LED off by making the voltage LOW
  delay(1000);                       // wait for a second
}
```

用來設計程式的 Arduino IDE

3-2 安裝 Arduino 程式開發環境

下載 Arduino 的程式開發軟體

首先從 Arduino 官網 (http://www.arduino.cc/en/Main/Software) 下載安裝軟體。使用 Windows 版的人就下載 Windows 版，使用 Mac 的人則下載 Mac 版。在此建議使用 Windows 版的人可選擇 **Windows Installer** 來下載比較方便，但如果你不是電腦的管理者身分，則必須選第 2 項下載 ZIP 檔，然後自行解壓縮，手續比較不方便。

以下為 Windows 的操作畫面，實際操作步驟請以讀者的作業系統為主。

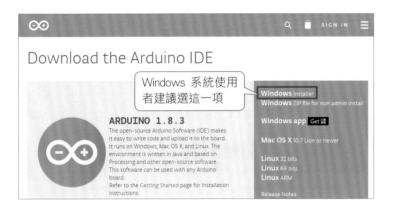

接著請依照畫面上的指示，進行安裝。如果畫面停頓很久、像當機一樣，可以按下 **show details** 來確認其每一個安裝步驟的進度。

安裝完畢時，在桌面或工作列上會出現 Arduino 的圖示 (icon) ，表示安裝完成。

透過 USB 線，將 Nano 板連接上電腦

在開發 Arduino 程式之前，請先將 Arduino 開發板插上 USB 連接線，USB 線另一端接上電腦。

安裝 Adruino IDE 過程已經自動裝好驅動程式，所以當您將 Arduino 開發板接上電腦，應該就可以直接使用了。

在開發環境中，選取相對應的 Arduino 板子與序列埠

選取你所使用的 Arduino 板

安裝成功後，雙按 開啟 Arduino 開發環境。開啟後，選取**工具**項下的**開發板**選項，從**開發板管理員**列表中選擇 "Arduino Nano"。

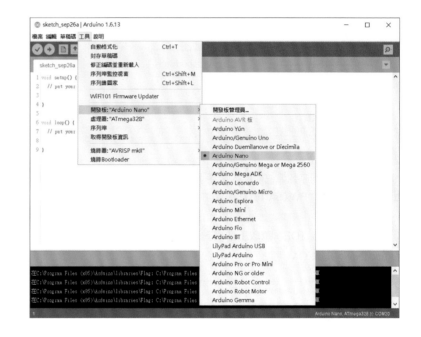

設定序列埠

首先要查看 Arduino 被分配到哪個序列埠。開啟檔案總管，對本機按右鍵，選擇『**內容/裝置管理員/連接埠 (COM 與 LPT)**』，可以看到 Arduino 板的序列埠號碼，例如筆者的電腦是將 Arduino Nano 分配到 "COM13"。

此為 Arduino Nano

 若找不到序列埠或使用 Mac 系統的讀者,請開啟右頁**安裝函式庫**中提到的 FM605A 資料夾,其中的 PDF 文件即為解決方法。

回到 Arduino IDE,選取**工具**項下的**序列埠**選項,從**序列埠**列表中選擇 Arduino Nano 的 COM 腳。

安裝函式庫

由於後續的實驗會用到一些專屬的函式庫,因此以下就讓我們來完成必要的函式庫安裝。

1 請先用瀏覽器開啟連結 ("http://www.flag.com.tw/DL.asp?FM605A"),下載完成後在 FM605A.zip 檔案上按滑鼠右鍵,然後執行**解壓縮全部**,接著將檔案解壓縮到硬碟 C 磁碟根目錄下。

1 在下載的檔案上按右鍵　　　　2 執行此命令解開壓縮

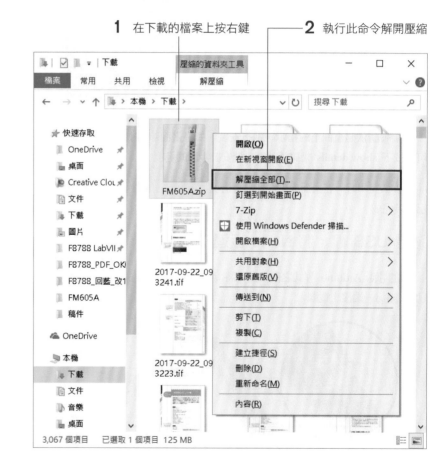

2 切換到下載檔案解壓縮的位置 (此處為 C:\FM605A)，就會在 FM605A 資料夾中找到一個 **Flag** 資料夾，這個資料夾很重要，裡面包含了本書所有會使用到的函式庫和範例程式。

資料夾裡應該會有這些檔案

3 接著我們要匯入後續章節會使用到的函式庫。請開啟先前安裝好的 Arduino IDE，執行『**草稿碼/匯入程式庫/加入.ZIP 程式庫**』命令。

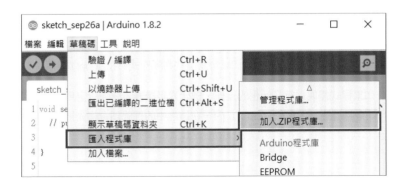

4 打開 **Flag** 資料夾，然後選擇 **FlagPCM** 資料夾，並按下**開啟**鈕，就可以匯入 **FlagPCM** 這個函式庫。

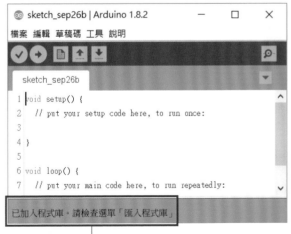

匯入成功會顯示**已加入程式庫**，這樣代表匯入成功

21

⑤ 接著再依照相同方式操作，匯入 **FlagTA6932** 函式庫。

目前已經完成安裝與設定工作，接下來我們就來使用 Arduino IDE 開發程式。

LAB 3 讓內建的 LED 閃爍

實驗目的

在程式中利用延遲及改變輸出狀態的技巧，讓 LED 達到閃爍效果。

設計原理

Arduino 基本架構

Arduino 所使用的程式語言是 C 語言，一般只會用到 C 語言的一部分，所以相對簡單許多。打開 Arduino 開發環境後，在程式編輯區裡會自動出現幾行程式碼：

```
1 void setup() {
2   // put your setup code here, to run once:
3
4 }
5
6 void loop() {
7   // put your main code here, to run repeatedly:
8
9 }
```

英文註解說明我們可將程式碼加到函式的大括號中

Arduino 程式的基本架構是由 setup()、loop() 函式構成

這就是 Arduino 程式的基本架構，其中 **setup()** 和 **loop()** 分別是初始化函式及執行函式，Arduino 的基本程式架構就是由這兩個函式組成的，我們在寫程式時，就是將程式碼寫在 setup() 和 loop() 後方的大括號 "{}" 範圍內。尤其是 loop() 函式可說是 Arduino 程式的主體。

一般嵌入式系統的應用程式有個特色，就是不斷執行某項工作(直到關閉電源)。舉例來說，一台光感應自走車，其工作就是不斷去讀取當前的光線亮度，決定車子目前要行進的方向，我們就會將這些判斷程式寫在 loop()之中。

如果程式需要進行初始化的工作，例如六足機器人要先設定馬達的腳位，我們就會將這些工作寫在 setup() 內，在這之中的程式碼會率先被執行且只會執行 1 次。

Arduino 輸出入腳位

為了能讀取外部送入的資料、感測資訊，以及主動輸出以控制外部元件，控制板都會有一些輸出入腳位。

輸出入腳位旁邊有標示編號及用途 (有些則只標示編號):

- 標示 0~13 的腳位是可用於**數位** (Digital) 輸出入的腳位，亦即由這些腳位可讀取或輸出**高電位** (代表 1) 或**低電位** (代表 0) 的狀態。部分腳位前方有~符號，表示他們可做 PWM 輸出。

- 標示 A0~A5 的腳位可用於讀取**類比** (Analog) 訊號。

程式碼

```
1   void setup() {   //"{"表示 setup()函式由此開始
2     pinMode(LED_BUILTIN,OUTPUT);   //將內建 LED 腳位設為 OUTPUT 模式
3   }   //"}"表示函式到此結束
4
5   void loop() {   //"{"表示 loop()函式由此開始
6     digitalWrite(LED_BUILTIN,HIGH);   //將高電位輸出到內建 LED 腳位
7     delay(500);   //使程式暫停 500 毫秒，維持在上一行所執行的狀態
8     digitalWrite(LED_BUILTIN,LOW);   //將低電位輸出到內建 LED 腳位
9     delay(500);   //使程式暫停 500 毫秒，維持在上一行所執行的狀態
10  }   //"}"表示函式到此結束
```

請在 Arduino 的編輯區輸入上列程式，每行程式 "//" 後面的文字可以不用輸入。

程式碼解說

- 第 1 行 "{" 就是 setup() 函式的開頭，我們習慣把 "{" 寫在和函式名稱同一行的最後面，以方便閱讀。

- 第 2 行 設定腳位 (pin) 模式 (mode) 的函式，這是 Arduino 的 C 編譯器預先設計好的函式，我們只要知道它的用法，然後直接使用就好了。例如:pinMode(LED_BUILTIN，OUTPUT) 就是把 Arduino 的內建 LED 數位 I/O 腳位設為 OUTPUT 模式。

  - Arduino 的數位 I/O 腳位可以作為輸入 (INPUT) 或輸出(OUPUT) 兩種模式之一，因此在使用 Arduino 的數位 I/O port 前，一定要用 pinMode(pin，mode) 函式來設定腳位為輸出或輸入模式。我們在此選擇輸出模式 (OUTPUT) 用來點亮 LED。請注意! pinMode() 的 M 一定要大寫，因為 C 語言是有區分大小寫的。

- 第 5 行 "{" 是 loop() 函式的開頭，它的型別是 void，沒有引數。

- 第 6 行 該函式是把 HIGH 或 LOW 電位寫出 (輸出) 到指定的 pin 腳位。例如 digitalWrite(LED_BUILTIN，HIGH) 就是把高電位 (HIGH) 送到內建 LED 腳位上。這時 LED 就會因為接收到高電位而亮起來。

- 第 7 行 delay() 函式能夠讓程式延遲 (delay) 一段時間，暫時保持在上一行所執行的狀態，延遲的時間可以由我們自行設定。delay() 函式的時間單位是以毫秒 (千分之一秒) 計算。例如設定 delay(500)，就會使 LED 在亮或滅的狀態維持 1 毫秒×500=0.5 秒的時間。

- 第 8 行 和第 6 行程式碼的效果相反。將低電位送到內建 LED 腳位，LED 會因為接收到低電位而熄滅。

- 第 9 行 使 LED 熄滅的狀態維持 0.5 秒。

- 第 10 行 "}" 表示函式到此結束，但由於 loop() 內的程式碼會一直反覆執行，所以程式會回到第 6 行重新執行，因此 LED 會不斷地每秒閃爍一次。

驗證並上傳程式

快捷鈕　　　　　　　　　　　快捷鈕

程式碼上方這幾個快捷鈕十分好用

　　寫好程式碼後，我們可以按下位於左上角的驗證鈕 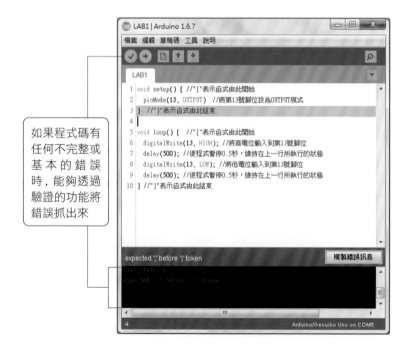 來檢查程式碼是否有誤。如果有誤，Arduino 會將錯誤的問題點顯示在畫面下方黑色的部分，有錯誤的那行程式碼則會以粉紅色突顯出來。

如果程式碼有任何不完整或基本的錯誤時，能夠透過驗證的功能將錯誤抓出來

實測

　　驗證無誤後，請按**檔案**，選擇**儲存**，儲存專案為"LAB3"，便可以按下上傳鈕 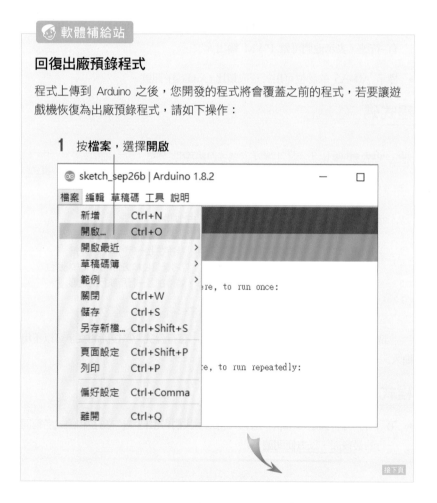，將程式碼上傳到 Arduino 板，開啟遊戲機外盒，觀察 Arduino，如果 Arduino 板上標有 **L** 符號的燈開始以每秒一次的速率閃爍的話，就表示實驗成功了。

軟體補給站

回復出廠預錄程式

程式上傳到 Arduino 之後，您開發的程式將會覆蓋之前的程式，若要讓遊戲機恢復為出廠預錄程式，請如下操作：

1 按**檔案**，選擇**開啟**

新增	Ctrl+N
開啟...	Ctrl+O
開啟最近	>
草稿碼簿	>
範例	>
關閉	Ctrl+W
儲存	Ctrl+S
另存新檔...	Ctrl+Shift+S
頁面設定	Ctrl+Shift+P
列印	Ctrl+P
偏好設定	Ctrl+Comma
離開	Ctrl+Q

接下頁

2 開啟剛剛下載的 **Flag** 資料夾，選擇
『**範例程式** /recovery/recovery.ino』

3 按**開啟**

然後按 ⟳ 鈕將程式上傳，即可回復出廠預錄程式。

Memo

04 控制螢幕顯示

亮第 1 顆　　亮第 2 顆　　亮第 3 顆　　亮第 4 顆

看起來就像

當跑馬燈的速度很快時，肉眼就會認為這 4 顆 LED
是一直亮著，事實上是這 4 顆 LED 輪流發亮。

顯示螢幕是遊戲機跟人溝通的重要工具，有了螢幕我們才可以知道遊戲的現狀，看到遊戲中物件的位置，進而去思考應對、破關的方法，這一章我們就要來學習如何使用顯示螢幕。

4-1 遊戲機螢幕-LED 矩陣

本遊戲機所要使用的顯示螢幕為 8*8 的雙色 LED 矩陣，LED 矩陣是由數個 LED 整齊排列所組成的結構，8*8 的雙色 LED 矩陣有 64 顆燈，每顆燈又有兩種顏色個別控制，相當於有 128 顆燈，已經遠遠超過 Arduino Nano 能處理的數量，所以要另外使用其他晶片來協助控制。即使如此，由於要控制的 LED 燈實在太多，實務上並不會一顆一顆獨立控制，而是改用「掃描」的方式，讓 LED 在短時間內輪流點亮，就像跑馬燈一樣，但因為速度很快，人的眼睛會有「視覺暫留」的現象，看起來就像同時點亮多顆 LED 燈。這樣就可以大幅簡化 LED 矩陣控制電路的複雜度。

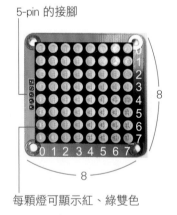

5-pin 的接腳

每顆燈可顯示紅、綠雙色

本套件所使用的是雙色 LED 矩陣模組，此模組已經內建 TA6932 控制晶片，並且已經接好掃瞄電路可以控制 LED 矩陣，只要利用**序列周邊介面**（**Serial Peripheral Interface Bus，SPI**）就可以與 Arduino 做溝通。SPI 介面很常作為晶片與晶片之間的訊號處理，只需要 3 條訊號線來連結一個主機 (此處為 Arduino Nano) 和一個周邊設備(此處為雙色 LED 矩陣)：

1. **DIN** 輸入訊號，接收由 Arduino 端送出的資料

2. **CLK** 串行時鐘，接收時鐘脈衝，**DIN** 便是根據此脈衝來傳輸

3. **STB** 晶片選擇，當接收到 Arduino 送出的選擇訊號時，LED 矩陣模組才工作

　另外還需要兩條線供電：

- **GND** 接地腳位，接到 Arduino 的 GND

- **VCC** 正電腳位，接到 Arduino 的 5V

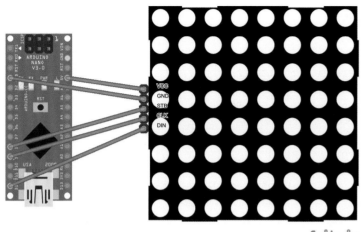

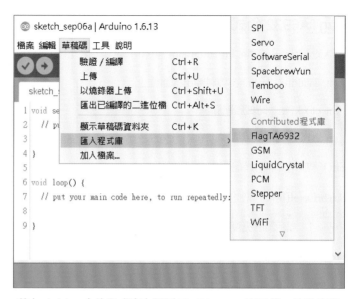

4-2 透過 FlagTA6932 函式庫控制 LED 矩陣模組

　　將 LED 矩陣接到 Arduino Nano 後，要在程式中操控 LED 矩陣的顯示，還需要呼叫 TA6932 晶片的函式庫，**旗標**公司已經將相關控制功能包裝成 FlagTA6932 函式庫，第 2 章我們已經請您將本書相關範例和函式庫載入 Arduino 的開發環境中，因此以下 Lab 我們將直接使用 FlagTA6932 函式庫來控制 LED 矩陣。

　　若在 Arduino 中的**程式庫**未看到 FlagTA6932，表示第 2 章的安裝步驟有問題，請再重新操作一遍

LAB 4-1 點亮雙色 LED 矩陣上指定的 LED

實驗目的

　　了解雙色 LED 矩陣模組與 FlagTA6932 函式庫的使用方法

設計原理

　　在寫 LED 矩陣模組的程式碼前，要先了解 FlagTA6932 函式庫，以下是 FlagTA6932 函式庫的說明：

FlagTA6932 函式庫

- **FlagTA6932(int dataPin, int clkPin, int stbPin)** 建立一個 LED 矩陣的控制

    - int dataPin：Arduino 資料輸出的腳位

    - int clockPin：時鐘脈衝腳位

    - int csPin：晶片選擇腳位

- **begin()** 初始化，將所有訊號設為高電位

- **SetLightLevel(byte l)** 設定顯示亮度

    - byte l：顯示器的亮度，介於 0(最暗) 及 7(最亮) 之間

- **Clear()** 清除全螢幕，熄滅所有 LED

- **SetLed(byte color, byte row, byte col, bool state)** 設定單一個 LED 的亮、滅狀態

    - byte color：顯示的顏色，0 為紅色，1 為綠色，2 為雙色

    - byte row：LED 的列數 (0~7)

    - byte col：LED 的行數 (0~7)

    - bool state：設定為 true，LED 為亮，設定為 false，則 LED 熄滅

- **UpdateOneLine(byte color, byte row, byte c)** 使用 10 進位轉 2 進位來顯示指定列的 8 個 LED 亮、滅狀態

    - byte color：顯示的顏色，0 為紅色，1 為綠色，2 為雙色

    - byte row：列的編號 (0~ 7)

    - byte c：10 進位轉 2 進位來顯示該列的 LED 是否為亮，例如 255 轉 2 進位為 11111111，即該列 LED 全亮，240 轉 2 進位為 11110000，即該列前 4 個 LED 亮，後 4 個不亮

程式碼

```
1  #include "FlagTA6932.h"
2  FlagTA6932 myLED(12, 9, 8);//建立一個 LED 矩陣控制
3  int row=6;      //列的位置
4  int col=3;      //行的位置
5  bool color=0; //顏色
6
7  void setup() {
8    myLED.begin();   //初始化
9    myLED.SetLightLevel(3); //設定亮度為 3
10   myLED.Clear();   //清除螢幕
11 }
12
13 void loop() {
14   myLED.SetLed (color, row, col, 1); //點亮指定的 LED
15   delay(500);    //暫停 500 毫秒
16   myLED.SetLed (color, row, col, 0); //熄滅指定的 LED
17   delay(500);    //暫停 500 毫秒
18   color=!color; //顏色轉換
19 }
```

程式碼解說

- 第 1 行 呼叫 FlagTA6932 函式庫。

- 第 2~5 行 宣告初始變數。

- 第 8~10 行 將 LED 矩陣做初始設定。

- 第 14 行 點亮第 6 列，第 3 行的 LED。

- 第 15 行 暫停 500 毫秒。

- 第 16 行 熄滅第 6 列，第 3 行的 LED。

- 第 17 行 暫停 500 毫秒。

- 第 18 行 轉換 color 值的布林狀態，即原本為 0 變成 1，反之，原本為 1 會變成 0。

實測

儲存專案為"LAB4-1"並上傳，若 LED 矩陣上第 6 列，第 3 行的燈隨著每次閃爍會變換顏色，就代表實驗成功了。

 請注意！LED 矩陣的行、列皆是從 0 到 7，因此一般人所認知的第 1 列實際上是第 0 列

LAB 4-2 用 LED 矩陣顯示數字

實驗目的

在成功點亮 1 個 LED 後，我們要挑戰在 LED 矩陣上顯示數字 1、2、3。

設計原理

首先我們要先整理出每個數字要點亮的燈位。

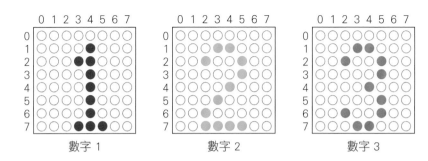

數字 1　　　　數字 2　　　　數字 3

接著只要照著這些位置點亮 LED，就能在 LED 矩陣上看出該數字的效果，以數字 1 為例:

```
0 1 2 3 4 5 6 7
0 ○○○○○○○○
1 ○○○○●○○○ -----myLED.SetLed(0,1,4,1);
2 ○○○●●○○○ -----myLED.SetLed(0,2,3,1); myLED.SetLed(0,2,4,1);
3 ○○○○●○○○ -----myLED.SetLed(0,3,4,1);
4 ○○○○●○○○ -----myLED.SetLed(0,4,4,1);
5 ○○○○●○○○ -----myLED.SetLed(0,5,4,1);
6 ○○○○●○○○ -----myLED.SetLed(0,6,4,1);
7 ○○○●●●○○ -----myLED.SetLed(0,7,3,1); myLED.SetLed(0,7,4,1);myLED.SetLed(0,7,5,1);
```

數字 1

其他數字請依此類推。

程式碼

```
1 #include "FlagTA6932.h"
2 FlagTA6932 myLED(12, 9, 8); //建立一個新的控制
3
4 void setup() {
5   myLED.begin();  //初始化
```

```
6 myLED.SetLightLevel(3); //設定亮度為 3
7   myLED.Clear();   //清除螢幕
8 }
9
10 void loop() {
11 //數字 1//
12   myLED.SetLed(0, 1, 4, 1);
13   myLED.SetLed(0, 2, 3, 1); myLED.SetLed(0, 2, 4, 1);
14   myLED.SetLed(0, 3, 4, 1);
15   myLED.SetLed(0, 4, 4, 1);
16   myLED.SetLed(0, 5, 4, 1);
17   myLED.SetLed(0, 6, 4, 1);
18   myLED.SetLed(0, 7, 3, 1); myLED.SetLed(0, 7, 4, 1); myLED.
     SetLed(0, 7, 5, 1);
19   delay(500);   //暫停 500 毫秒
20   myLED.Clear();    // 清除螢幕
21
22 //數字 2//
23   myLED.SetLed(1, 1, 3, 1); myLED.SetLed(1, 1, 4, 1);
24   myLED.SetLed(1, 2, 2, 1); myLED.SetLed(1, 2, 5, 1);
25   myLED.SetLed(1, 3, 5, 1);
26   myLED.SetLed(1, 4, 4, 1);
27   myLED.SetLed(1, 5, 3, 1);
28   myLED.SetLed(1, 6, 2, 1);
29   myLED.SetLed(1, 7, 2, 1); myLED.SetLed(1, 7, 3, 1); myLED.
     SetLed(1, 7, 4, 1); myLED.SetLed(1, 7, 5, 1);
30   delay(500);    //暫停 500 毫秒
31   myLED.Clear();    // 清除螢幕
32
33 //數字 3//
34   myLED.SetLed(2, 1, 3, 1); myLED.SetLed(2, 1, 4, 1);
35   myLED.SetLed(2, 2, 2, 1); myLED.SetLed(2, 2, 5, 1);
36   myLED.SetLed(2, 3, 5, 1);
37   myLED.SetLed(2, 4, 4, 1);
38   myLED.SetLed(2, 5, 5, 1);
39   myLED.SetLed(2, 6, 2, 1); myLED.SetLed(2, 6, 5, 1);
40   myLED.SetLed(2, 7, 3, 1); myLED.SetLed(2, 7, 4, 1);
41   delay(500);    //暫停 500 毫秒
42   myLED.Clear();// 清除螢幕
43 }
```

程式碼解說

- 第 1 行 呼叫 FlagTA6932 函式庫

- 第 2 行 初始宣告

- 第 5~7 行 初始設定

- 第 12~18 行 點亮數字 1

- 第 19 行 暫停 500 毫秒

- 第 20 行 清除螢幕

- 第 23~29 行 點亮數字 2

- 第 30 行 暫停 500 毫秒

- 第 31 行 清除螢幕

- 第 34~40 行 點亮數字 3

- 第 41 行 暫停 500 毫秒

- 第 42 行 清除螢幕

實測

儲存專案為"LAB4-2"並上傳，LED 矩陣上一開始會先顯示紅色的數字 1 接著顯示綠色的數字 2，最後顯示雙色的數字 3，然後不斷重複。

延伸練習

你可以嘗試用 LED 矩陣點亮別的數字，例如輪流點亮 4、5、6，甚至也可以試試看點亮英文字母 A、B、C。

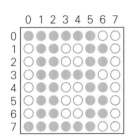
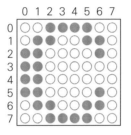

Memo

05 簡易物理引擎 - 彈力球

只要是動作類的電子遊戲，就會有屬於它的物理引擎，物理引擎簡單來說就是將我們所知的力學模型套用進遊戲程式中，以此來預測遊戲物件或角色的動作及效果，隨著現在的遊戲越來越擬真，搭配的物理引擎通常都需要強大的處理器及驅動軟體，才足以應付一些複雜的遊戲狀況，而本遊戲機的物理引擎比較單純，只處理 LED 光點碰觸到邊緣後如何反彈，讓光點在矩陣中持續彈跳。為了讓 LED 光點的反射路線更多元，原先 8×8 的矩陣範圍剛好是正方形，光點反射會形成一固定的路線，因此我們讓 LED 矩陣的第 0、7 列做為邊界顯示綠色，光點的活動範圍縮為 6×8。

上一章我們用 LED 矩陣點亮了數字的形狀，而這章我們要實作一個動態的實驗，讓 LED 看起來彷彿像被關在矩陣裡的彈力球。

在大型射擊遊戲中，通常是用物理引擎來計算子彈射擊的軌跡

向下移動到邊緣的狀態

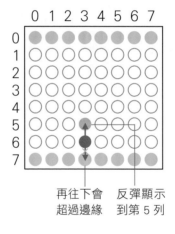

再往下會　　反彈顯示
超過邊緣　　到第 5 列

向右移動到邊緣的狀態

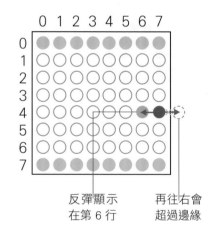

反彈顯示　　再往右會
在第 6 行　　超過邊緣

 若要更進一步模擬球的旋轉、切線以及加速度等效果，就需要設計更複雜的物理引擎，有鑑於 LED 矩陣只有 8×8 的範圍，不容易呈現出這些效果，本書就略過不提。

LAB 5 彈力球

實驗目的

編寫超簡易的物理引擎，讓 LED 光點能在矩陣中反彈。

設計原理

我們將球設定成有 4 個方向，左上、右上、左下、右下，並用兩個變數儲存當前的方向，分別是左右變數和上下變數，當左右變數為 0 時球是往右，為 1 時是往左，而上下變數為 0 時是往下，為 1 時是往上，這樣一來只要兩個變數便能儲存球當前的狀態。

程式碼

```
1  #include "FlagTA6932.h"
2  FlagTA6932 myLED(12, 9, 8);//建立新的一個控制
3  int row=6; //列的位置
4  int col=3;    //行的位置
5  bool UporDown=1; //上下變數 UP:1 DOWN:0
6  bool LorR=0;    //左右變數 Left:1 Right:0
7
8  void setup() {
9    myLED.begin();   //初始化
10   myLED.SetLightLevel(3); //設定亮度為 3
11   myLED.Clear();   //清除螢幕
12   myLED.SetLed(0, row, col, 1);//點亮當前球位
13   myLED.UpdateOneLine (1, 0, 255); //點亮第 0 列一整排的燈
14   myLED.UpdateOneLine (1, 7, 255); //點亮第 7 列一整排的燈
15  }
16
17 void loop() {
18   if(UporDown==1){ //如果球往上
19     row=row-1;   //列數-1
20     if(row==0){ //如果列數已經碰到上界
21       row=2; //列數設為 2
22       UporDown=0; //球方向往下
23     }
24   }
25   else{       //如果球往下
26     row=row+1;   //列數+1
27     if(row==7){ //如果列數已經碰到下界
28       row=5; //列數設為 5
29       UporDown=1; //球方向往上
30     }
31   }
32   if(LorR==0){  //如果球往右
33     col=col+1;   //行數+1
34     if(col==8){ //如果已經到達右界
35       col=6; //行數設為 6
36       LorR=1;   //球往左
37     }
38   }
39   else{   //如果球往左
40     col=col-1;     //行數-1
41     if(col==-1){   //如果已經到達左界
42       col=1; //行數設為 1
43       LorR=0;   //球往右
44     }
45   }
46   for(int i=1;i<7;i++){ //熄滅前一個球位
47     myLED.UpdateOneLine (0, i, 0);
48   }
49   myLED.SetLed(0, row, col, 1);//點亮當前球位
50   delay(100);
51 }
```

程式碼解說

- 第 1 行 呼叫 FlagTA6932 函式庫

- 第 2~6 行 宣告初始變數

- 第 9~11 行 將 LED 矩陣做初始設定

- 第 12~14 行 點亮初始狀態的 LED

- 第 18~24 行 如果球往上，那球的列數就減 1，當碰到上界時，將上下變數設為下

- 第 25~31 行 如果球往下，那球的列數就加 1，當碰到下界時，將上下變數設為上

- 第 32~38 行 如果球往左，那球的行數就減 1，當碰到左界時，將左右變數設為右

- 第 39~45 行 如果球往右，那球的行數就加 1，當碰到右界時，將左右變數設為左

- 第 46~48 行 先將上一次的球位熄滅

- 第 49 行 點亮當前的球位

- 第 50 行 延遲 100 毫秒

實測

儲存專案為"LAB5"並上傳，LED 矩陣的最上一列及最下一列會亮起，而中間會有一個如彈力球般的 LED 在矩陣的範圍內來回彈跳。

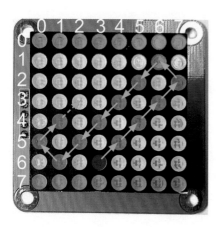

延伸練習

您可以嘗試讓 LED 在光點反彈後，加速行進，二次反彈後回復原來速度，看看程式該如何修改？

提示：請將 delay 函式中的數值設成一個變數，每次反彈切換此變數的狀態。程式碼片段如下：

```
if(UporDown==1){   //如果球往上
  row=row-1; //列數-1
  if(row==0){    //如果列數已經碰到上界
    row=2;   //列數設為 2
    UporDown=0; //球方向往下
  }
}
...
...
...
myLED.SetLed(0, row, col, 1);//點亮當前球位
delay(delaytime);
```

06 用搖桿來互動

每個遊戲機都有控制器，而搖桿更是許多控制器必備的一部份，這一章就來教你如何使用搖桿模組，讓你能自由的定義搖桿的使用規則。

6-1 搖桿模組

搖桿模組其實是由兩個可變電阻及一個按鈕所組成的結構，一個可變電阻負責 x 軸移動，另一個負責 y 軸移動，按壓搖桿可做為一個按鈕輸入之用。

可以看到右方底下有個按鈕

LAB 6-1 讀取搖桿的數值

實驗目的

了解搖桿的運作原理，及讀取數值的方法

設計原理

下表為搖桿模組對應的 Arduino 腳位

搖桿模組	Arduino Nano
GND	PIN13(GND)
+5V	3V3
VRx	PIN A0
VRy	PIN A1
SW	PIN 2

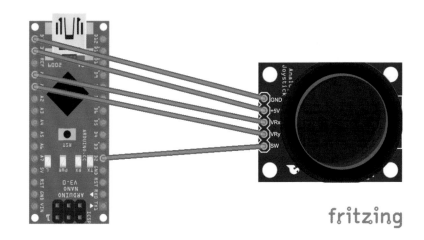

fritzing

請注意!雖然搖桿模組上的腳位標示 **+5V** 或是 **+15V**，其實也能接到 Arduino 的 3.3V，只是可調的範圍會縮小，但並不影響使用。

程式碼

```
1  int  x; //x 軸數值
2  int  y; //y 軸數值
3  bool sw=0; //按鈕狀態
4  void setup() {
5    pinMode(A0, INPUT);//X 軸腳位
6    pinMode(A1, INPUT);//Y 軸腳位
7    pinMode(2, INPUT_PULLUP); //使用上拉電阻
8    attachInterrupt(0, int0, FALLING); //使用中斷
9    pinMode(13, OUTPUT);
10   digitalWrite(13, 0);//將 PIN13 腳位設為 GND
11   Serial.begin(9600);
12 }
13
14 void loop() {
15   x=analogRead(A0);    //將 A0 類比腳位讀取到的數值存進 x
16   y=analogRead(A1);    //將 A1 類比腳位讀取到的數值存進 y
17   Serial.print("x=");  //以序列埠送出資料"x"
18   Serial.println(x);
19   Serial.print("y=");  //以序列埠送出資料"y"
20   Serial.println(y);
21   Serial.print("sw="); //以序列埠送出資料"按鈕狀態"
22   Serial.println(sw);
23   delay(300);
24 }
25 void int0(){    //中斷執行程式
26   sw=!sw; //狀態轉換
27 }
```

程式碼解說

在程式碼中，我們使用了**中斷(Interrupt)**來處理搖桿按鈕被按下的動作，而什麼是中斷呢？

🙂 硬體補給站

中斷 (Interrupt)

一般在處理按鈕事件時，會在程式碼中加入判斷式，讀取目前按鈕對應的腳位是處於高電位還是低電位，判斷按鈕按壓狀態。但是這樣做有一個缺點，就是如果 Arduino 正在處理其他程式指令時，便無法同時讀取按鈕的狀態，這時候可以為按鈕腳位設定**中斷 (Interrupt)** 程式，那麼不管 Arduino 原先在執行什麼指令，只要按鈕被觸發，便會放下手邊工作，優先處理中斷程式。以下是**中斷 (Interrupt)** 函式的說明：

```
attachInterrupt(中斷腳位, 子程式, 模式)
```

- **中斷腳位**：中斷腳位與 Arduino 上標示的腳位不同，Arduino Nano 共有兩個中斷腳位分別為 0 和 1，對應的 Arduino Nano 腳位為 2 和 3
- **子程式**：或稱副程式，當中斷事件發生時，進入子程式，優先運行其中的程式指令。
- **模式**：觸發進入中斷事件的腳位狀態，以下是各個模式的說明：

模式	說明
LOW	當中斷腳位為低電位時
CHANGE	當中斷腳位狀態發生改變時
RISING	當中斷腳位從低電位到高電位時
FALLING	當中斷腳位從高電位到低電位時。

- 第 1~3 行 宣告初始變數。

- 第 5~7 行 設定要使用的腳位。

- 第 8 行 設定中斷腳位。

- 第 9~10 行 將 PIN13 腳位設為 GND

- 第 11 行 開啟序列埠，並設定傳輸速率為 9600 鮑率。

- 第 15~16 行 使用類比輸入腳位來讀取搖桿的 X、Y 軸數值。

- 第 17~22 行 使用序列埠送出資料，**Serial.print()**代表由序列埠送出()中的資料，而 **Serial.println()**則代表送出資料後換行。

- 第 23 行 暫停 300 毫秒。

- 第 25~27 行 中斷子程式，當按鈕被按下時，立即優先執行此程式，將 SW 狀態轉變。

實測

儲存專案為 "LAB6-1" 並上傳，開啟 Arduino IDE 內建的序列埠監控視窗。

按此圖示開啟序列埠監控視窗

在序列埠監控視窗切換傳輸速率為 "9600"，然後就可以試著移動搖桿，看 x 與 y 的數值是否會變動，按下搖桿按鈕，觀察 sw 的值會不會改變。

X、Y 軸移動的數字變化

按壓搖桿按鈕

這裡也要選擇 9600

在您移動搖桿確定監控視窗的數值會同步跳動後，請依序記下搖桿往上、往下、往左、往右、不動時，監控視窗的 X、Y 軸數字，方便下一個 Lab 測試時使用。

LAB 6-2 用搖桿來控制 LED 光點

實驗目的

利用之前所學的技巧設計一個能用搖桿操縱的光點。

設計原理

要使用搖桿就要先知道搖桿於各種狀態的數值，我們可以透過前一個實驗中序列埠監控視窗中顯示的數值得到以下的對照表：

上	下	左	右	中
Y軸：0	Y軸：700	X軸：0	X軸：700	X、Y軸：330

 請注意！以上的參數僅為參考值，實際情況會依據不同的零件和環境而有所改變，應該以您實際量測到的數值為主，而且由於一般的可變電阻存在誤差，在量測過程中數值出現跳動屬於正常現象。

有這個對照表後，我們就能知道如何設定程式碼中搖桿的判斷數值。

程式碼

```
1 #include "FlagTA6932.h"
2 FlagTA6932 myLED(12, 9, 8);//建立一個新的控制
3 int row=0; //列的位置
4 int col=0;     //行的位置
5
6 void setup() {
7   pinMode(A0, INPUT);
8   pinMode(A1, INPUT);
9   pinMode(2, INPUT_PULLUP); //使用上拉電阻
10  attachInterrupt(0, int0, FALLING); //使用中斷
11  pinMode(13, OUTPUT);
12  digitalWrite(13, 0);//將 PIN13 腳位設為 GND
13  myLED.begin();    //初始化
14  myLED.SetLightLevel(3); //設定亮度為 3
15  myLED.Clear();    //清除螢幕
16  myLED.SetLed(2, row, col, 1);// 點亮光點當前位置
17 }
18
19 void loop() {
20  if(analogRead(A0) >650 && col<7){   //如果搖桿 x 軸向右
21    col+=1;  //行數+1
22  }
23  else if(analogRead(A0) <10 && col>0){   //如果搖桿 x 軸向左
24    col-=1;  //行數-1
25  }
26  if(analogRead(A1) >650 && row<7){   //如果搖桿 y 軸向下
27    row+=1;  //列數+1
28  }
29  else if(analogRead(A1) <10   && row>0){ //如果搖桿 y 軸向上
30    row-=1;  //列數-1
31  }
32  myLED.Clear();   //清除螢幕
33  myLED.SetLed(2, row, col, 1); //點亮光點當前位置
34  delay(300);    //暫停 300 毫秒
35 }
36
37 void int0(){
38  row=0;  //列數歸零
39  col=0;       //行數歸零
40  myLED.Clear();   //清除螢幕
41  myLED.SetLed(2, row, col, 1); //光點回到原點
42 }
```

程式解說

- 第 1 行 呼叫 FlagTA6932 函式庫。

- 第 2~4 行 宣告初始變數。

- 第 7~9 行 設定要使用的腳位。

- 第 10 行 設定中斷腳位。

- 第 11~12 行 將 PIN13 腳位設為 GND

- 第 13~15 行 將 LED 矩陣做初始設定。

- 第 16 行 點亮光點初始位置。

- 第 20~22 行 判斷如果搖桿的 X 軸向右，而且行數小於 7 (避免超過最右行)，光點的行數要加 1。

- 第 23~25 行 判斷如果搖桿的 X 軸向左，而且行數大於 0(避免超過最左行)，光點的行數要減 1。

- 第 26~28 行 判斷如果搖桿的 Y 軸向下，而且列數小於 7 (避免超過最後列)，光點的列數要加 1。

- 第 29~31 行 判斷如果搖桿的 Y 軸向上，而且列數大於 0 (避免超過最上方列)，光點的列數要減 1。

- 第 32 行 將前一光點位置清除。

- 第 33 行 點亮當前光點位置。

- 第 34 行 暫停 300 毫秒。

- 第 37~42 行 中斷子程式，將列數及行數歸零，並顯示光點當前位置。

實測

儲存專案為 "LAB6-2" 並上傳，使用搖桿可以操縱 LED 光點的位置，當按下搖桿按鈕，光點會回到原點。

07 打造 Power Pong 乒乓球遊戲機

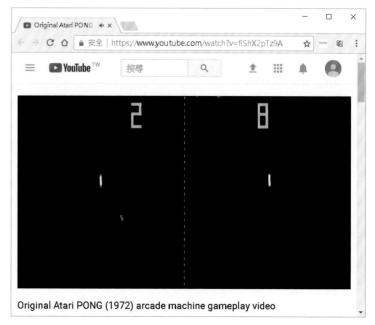

Original Atari PONG (1972) arcade machine gameplay video

Atari 公司開發的 Pong 遊戲機台和遊戲畫面

這一章，要教你如何打造一個乒乓球遊戲機，這款經典遊戲正式名稱為 **Power Pong**。

Power Pong 源自於 Atari 公司於 1972 年推出的經典電子遊戲 – Pong，從遊戲名稱就可以猜到此遊戲玩法和乒乓球很像，玩家控制一塊球板，將畫面的小白球反彈到對面，另一方的玩家 (或是電腦)，也會透過球板將小白球再反彈回來；若小白球反彈過去，對方卻沒接到球，就算得分。

 圖片來源：pongmuseum.com 和 youtube.com 網站。

本章要設計的 **Power Pong** 遊戲，玩法和經典 Pong 遊戲大致相同，只是場景搬到 Arduino 的 LED 矩陣上，另外也將遊戲改為單人遊玩模式。

LAB 7 打造 PowerPong 遊戲機

實驗目的

利用搖桿模組和 LED 矩陣模組，製作一個迷你遊戲機。

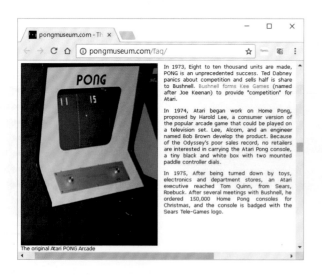

The original Atari PONG Arcade

設計原理

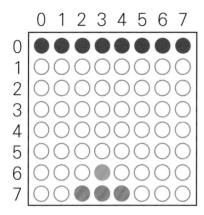

遊戲畫面

其實這個遊戲就跟 LAB5 的彈力球幾乎一樣，只是多了一個可以移動的球板，當球到達第 6 列時，如果球板接觸到球時，就讓球繼續反彈，反之，沒碰到球，就顯示球的失誤落點，並重置遊戲。

球板位置的定義對於這個遊戲來說十分重要，以下是我們對於球板位置的定義方式：

球板位置 =0

球板位置 =1

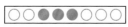

球板位置 =2

依此類推

程式碼

```
1  #include "FlagTA6932.h"
2  FlagTA6932 myLED(12, 9, 8); // 建立一個新的 LED 矩陣
3  int row = 6; // 列的位置
4  int col = 3;  // 行的位置
5  int board_pos = 2; // 球板位置
6  bool Reset = 0;
7  bool UporDown = 1; //UP:1 DOWN:0
8  bool LorR = 0;  //Left:1 Right:0
9  int action = 0; // 搖桿狀態
10
11 void setup() {
12   pinMode(A0, INPUT);
13   pinMode(A1, INPUT);
14   pinMode(13, OUTPUT);
15   digitalWrite(13, 0); // 將 PIN13 腳位設為 GND
16   myLED.begin();  // 初始化
17   myLED.SetLightLevel(3); // 設定亮度為 3
18   myLED.Clear();  // 清除螢幕
19   myLED.UpdateOneLine(0, 0, 255); // 點亮第 0 列一整排的燈
20   myLED.SetLed(1, row, col, 1);// 點亮當前球位
21   myLED.SetLed(2, 7, board_pos, 1);
     myLED.SetLed(2, 7, board_pos + 1, 1);
     myLED.SetLed(2, 7, board_pos + 2, 1); // 點亮球板
22 }
23
24 void loop() {
25   if (Reset == 1) {
26     myLED.UpdateOneLine(1, 6, 0); // 清除失誤點
27     if (col == 7) {
28       myLED.SetLed(1, 7, 6, 1);// 顯示失誤落點
29     }
30     else {
31       if (LorR == 1) {
32         myLED.SetLed(1, 7, col - 1, 1); // 顯示失誤落點
33       }
```

```
34      else {
35        myLED.SetLed(1, 7, col + 1, 1); // 顯示失誤落點
36      }
37    }
38    delay(500);
39    myLED.UpdateOneLine(2, 7, 0); // 清除板子和球
40    row = 6; col = 3; LorR = 0; // 重置位置
41    board_pos = 2;
42    myLED.SetLed(2, 7, board_pos, 1);
       myLED.SetLed(2, 7, board_pos + 1, 1);
       myLED.SetLed(2, 7, board_pos + 2, 1);
43    myLED.SetLed(1, row, col, 1); // 顯示球位置
44    Reset = 0;
45    delay(300);
46  }
47  else if (Reset == 0) {
48    if (UporDown == 1) {
49      row = row - 1;
50      if (row == 0) {
51        row = 2;
52        UporDown = 0;
53      }
54    }
55    else {
56      row = row + 1;
57      if (row == 7) {
58        row = 5;
59        UporDown = 1;
60      }
61    }
62    if (LorR == 0) {
63      col = col + 1;
64      if (col == 8) {
65        col = 6;
66        LorR = 1;
67      }
68    }
69    else {
70      col = col - 1;
71      if (col == -1) {
72        col = 1;
73        LorR = 0;
74      }
75    }
76    for (int i = 1; i < 7; i++) { // 熄滅前一個球位
77      myLED.UpdateOneLine (1, i, 0);
78    }
79    myLED.SetLed(1, row, col, 1); // 點亮當前球位
80
81    if (analogRead(A0) > 650) { // 如果搖桿往右
82      action = 1;
83    }
84    else if (analogRead(A0) < 10) { // 如果搖桿往左
85      action = 2;
86    }
87    else { // 如果搖桿沒反應
88      action = 0;
89    }
90
91    if (action == 1 && board_pos < 5) {
92      board_pos += 1;
93    }
94    else if (action == 2 && board_pos > 0) {
95      board_pos -= 1;
96    }
97
98    myLED.UpdateOneLine(2, 7, 0);
99    myLED.SetLed(2, 7, board_pos, 1);
       myLED.SetLed(2, 7, board_pos + 1, 1);
       myLED.SetLed(2, 7, board_pos + 2, 1);
100
101   if (row == 6) {
102     if (col == 1) {
103       if (board_pos == 0 || board_pos == 1 ||
            (board_pos == 2 && LorR == 0) ) {
```

```
104          Reset = 0;
105       }
106     else {
107          Reset = 1;
108       }
109    }
110    else if (col == 3) {
111     if (board_pos == 1 || board_pos == 2 || board_pos == 3 ||
           (board_pos == 0 && LorR == 1)||
           (board_pos == 4 && LorR == 0) ) {
112          Reset = 0;
113       }
114     else {
115          Reset = 1;
116       }
117    }
118    else if (col == 5) {
119     if (board_pos == 3 || board_pos == 4 || board_pos == 5 ||
           (board_pos == 2 && LorR == 1) ) {
120          Reset = 0;
121       }
122     else {
123          Reset = 1;
124       }
125    }
126    else if (col == 7) {
127     if (board_pos == 4 || board_pos == 5) {
128          Reset = 0;
129       }
130     else {
131          Reset = 1;
132       }
133    }
134   }
135  }
136  delay(100);
137 }
```

程式碼解說

- 第 1 行 呼叫 FlagTA6932 函式庫。

- 第 2~9 行 宣告初始變數。

- 第 12~15 行 設定要使用的腳位。

- 第 16~18 行 將 LED 矩陣做初始設定。

- 第 19~21 行 點亮遊戲機的初始狀態，點亮檔板、球、球板。

- 第 25~46 行 判斷如果要重置遊戲，則執行迴圈內的指令。

- 第 26 行 先將失誤的球熄滅。

- 第 27~37 行 依據球的方向及位置來決定，如何顯示球的失誤落點。

- 第 38 行 暫停 500 毫秒，讓玩家可以看到球失誤的位置。

- 第 39~43 行 將球板和球的狀態都設回初始值，重置遊戲。

- 第 44 行 將重置判斷值設為 0。

- 第 45 行 暫停 300 毫秒。

- 第 47~135 行 不需要重置遊戲，執行迴圈內的指令。

- 第 48~79 行 執行彈力球程式。

- 第 81~89 行 判斷搖桿的狀態。

- 第 91~96 行 如果搖桿往右，而且還沒到底，球板位置加 1，反之，如果往左，球板位置減 1。

- 第 98~99 行 顯示新的球板位置

- 第 101~134 行 若球已經到達第 6 列，判斷球是否有接觸到球板，如果沒有則將重置值設為 1，這樣一來遊戲就會重置，如果有接觸到球板，那就讓球繼續反彈。

- 第 136 行 暫停 100 毫秒，控制遊戲速度，讓球不要移動太快。

實測

儲存專案為"LAB7"並上傳，使用搖桿可以操縱球板的位置，如果接到球遊戲就能持續下去，如果漏接了，遊戲就會重置，重新開始。

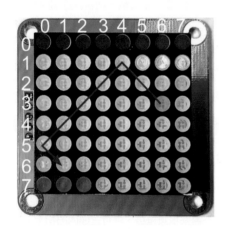

08 為遊戲加點音效吧

好的音效能夠為一個遊戲畫龍點睛，讓遊戲更豐富，更完整，這一章我們要將音效加入遊戲機中，使遊戲機變得更生動、有趣。

8-1 遊戲機的音源-喇叭

喇叭的正式名稱為揚聲器，是一種將電子訊號轉換成聲音的元件，整個結構包含了線圈、磁鐵及震膜，聲音是由於物體震動所產生的，當線圈通電時便是電磁鐵，會與磁鐵相吸，而當線圈不通電時又回復原本的狀態，因此只要不停的切換線圈的通電狀態，就會造成震膜的震動，進而發出聲音。

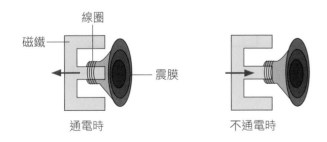

通電、不通電，一直反覆切換便會產生震動，進而發出聲音

例如 C 調的 Do 頻率約為 261Hz，代表若要讓喇叭播放這個音，就要讓震膜每秒震動 261 次，以下我們就來實際操作。

LAB 8-1 讓喇叭發出單音

實驗目的

讓喇叭播出 C 調的 Do。

設計原理

如果要讓震膜每秒震動 261 次，那麼我們就要控制喇叭腳位的電位每秒切換 261 次：

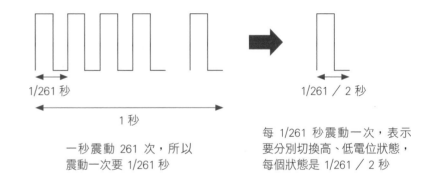

一秒震動 261 次，所以
震動一次要 1/261 秒

每 1/261 秒震動一次，表示
要分別切換高、低電位狀態，
每個狀態是 1/261 / 2 秒

了解這個原理後，你會發現我們只要用 LAB2 中閃爍 LED 的方法，間歇性切換腳位的高、低電位訊號，便能讓喇叭發出聲音。

程式碼

```
1 void setup()
2 {
3   pinMode(11,OUTPUT);
4   pinMode(10,OUTPUT);
5   digitalWrite(10,0); //將腳位 10 設為 GND
6 }
7
```

```
 8 void loop()
 9 {
10   digitalWrite(11,HIGH);
11   delayMicroseconds(1916);
12   digitalWrite(11,LOW);
13   delayMicroseconds(1916);
14 }
```

程式碼解說

　　由於每 $1 \div 261 \div 2 \fallingdotseq 0.001916$ 秒要切換一次，我們需要精度更高的計時函式，因此要使用 delayMicroseconds，單位是微秒 (10^{-6} 秒)，即每 1916 微秒切換一次高低電位狀態。

實測

　　儲存專案為"LAB8-1"並上傳，你會聽到喇叭發出很明顯的 Do 音。

8-2 以 PCM 音效讓喇叭奏樂

　　雖然我們成功讓喇叭發出聲音了，但你會發現這個聲音聽起來很單調，非常機械感，這是因為大自然所發出的聲音是類比訊號，包括：人的歌聲、樂器演奏的樂曲等，而我們剛剛只單純透過高低電位切換的數位訊號來發聲，因此聽起來就會是單調的電子音。

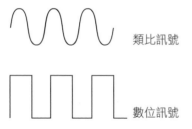

為了讓喇叭發出如同類比訊號的聲波，我們會透過 PCM (Pulse-code modulation，脈波編碼調變) 的方式，以數位訊號來描述聲波：

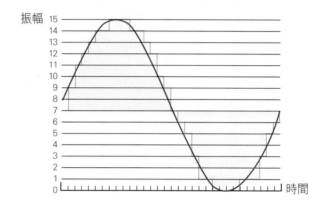

　　上面聲波會在固定的間隔時間取樣，取樣時會依照振幅大小轉換為數值，這樣就可以將類比的聲波轉換成一連串的數位訊號。反之，只要將一連串的數字依照相同的間隔時間還原回聲波振幅，就可以讓喇叭發出聲音。

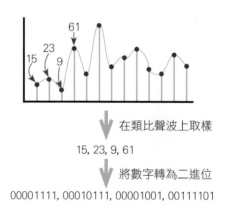

在類比聲波上取樣

15, 23, 9, 61

將數字轉為二進位

00001111, 00010111, 00001001, 00111101

　　我們將一秒鐘取樣多少次稱為取樣頻率，單位是 Hz (赫茲)。Arduino 的 PCM 函式庫只支援單聲道、8000 Hz 的音效檔。

LAB 8-2 播放 PCM 音效

實驗目的

利用喇叭播放 PCM 音效。

設計原理

我們要使用 FlagPCM 函式庫播放 PCM 音效，第 2 章時已將函式庫載入，以下為函式庫的介紹:

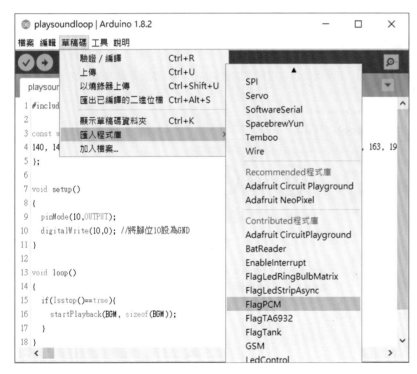

第 2 章載入的 FlagPCM 函式庫

FlagPCM 函式庫

- **startPlayback(陣列，sizeof(陣列)** 播放音效，將**陣列**中的音效資料依序由 PIN11 類比腳位輸出。

- **stopPlayback()** 停止播放音效，中斷當前播放的音效。

- **Isstop()** 檢查當前的音效有沒有播完，如果播完了會回傳 true，如果還沒播完則回傳 false。

程式設計

```
#include "FlagPCM.h"

const unsigned char BGM[] PROGMEM = {"將"BGM.txt"的內文貼在這裡"};

void setup()
{
  pinMode(10，OUTPUT);
  digitalWrite(10，0); //將腳位 10 設為 GND
}

void loop()
{
  if(Isstop()==true){
    startPlayback(BGM，sizeof(BGM));
  }
}
```

將我們要使用的音效資料，放進陣列之中，開啟 **Flag** 資料夾，將資料夾中的 **BGM.txt** 檔案打開，複製檔案中的所有文字，貼在陣列的欄位之中，取代陣列裡原本的文字。

程式解說

使用 Isstop()函式來檢查音效是否播完，如果播完了就再次播放音效。

實測

儲存專案為"LAB8-2"並上傳，遊戲機的喇叭會持續發出一段有規律的音效。

 軟體補給站

播放自己的音效

此處 LAB8-2 我們是請您播放我們事先準備好的 PCM 音效，若您想播放其他音效，必須自行轉換成 PCM 音效資料，再複製到 LAB8-2 的程式中。

1. **選擇適當的音效檔案**：為了播放音效，PCM 音效的數位資料也需要一併上傳到 Arduino 的記憶體中，因為 Arduino 記憶體容量的限制，建議音效的長度不要超過 2 秒鐘，若超過 2 秒可能無法正常上傳。

> 檔案的格式要為 wav，採樣頻率為 8000Hz，單聲道，如果想裁切或轉檔建議可以使用瀏覽器連線 "http://www.audacityteam.org/download/" 下載 Audacity 軟體。

2. **安裝 PCM 轉檔軟體**：請使用瀏覽器下載 "http://highlowtech.org/wp-content/uploads/2011/12/EncodeAudio-windows.zip"，下載完畢後請解開壓縮檔，這樣就完成檔案安裝了。

3. **將音效檔轉為 PCM 資料**：接著請依照以下操作，利用 EncodeAudio 這套工具，將音效檔轉成 PCM 資料。

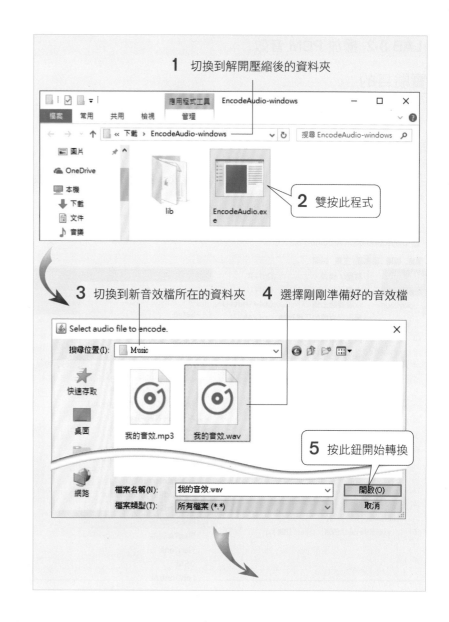

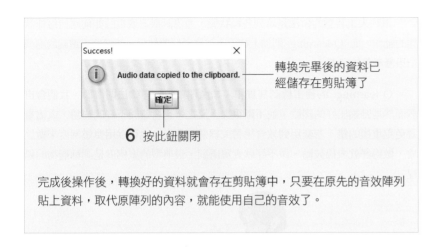

轉換完畢後的資料已經儲存在剪貼簿了

6 按此鈕關閉

完成後操作後，轉換好的資料就會存在剪貼簿中，只要在原先的音效陣列貼上資料，取代原陣列的內容，就能使用自己的音效了。

LAB 8-3 將音效加入遊戲機

實驗目的

掌握音效的使用技巧，將音效加入前一章的遊戲之中。

程式設計

開啟 LAB7，在 #include "FlagTA6932.h" 下一行加入以下程式碼：

```
#include <FlagPCM.h>

const unsigned char pong [] PROGMEM = {"請將 "pong.txt" 內文複製到此處"};
const unsigned char failure[] PROGMEM = {"請將 "failure.txt" 內文複製到此處"};
```

將 **Flag** 資料夾中 **failure.txt** 的內文複製到 failure 陣列中，取代陣列中的文字，然後將 pong 陣列中放入 **pong.txt** 的內文。

將以下程式碼加入 if(row==6){} 迴圈的最下方，當球板接到球時播放 "pong.txt"，沒接到時則播放 "failure.txt"

```
if(Reset==0){
  startPlayback(pong,sizeof(pong));
}
else if(Reset==1){
  startPlayback(failure,sizeof(failure));
}
```

實測

儲存專案為"LAB8-3"並上傳，實際體驗一下遊戲，你會發現你的遊戲機玩起來更有意思了！

09 機器學習演算法 Q-learning

在第 1 章我們有提到,近年所謂的 AI 已經進入機器學習的時代,也就是說讓程式藉由自我學習,來達成任務目標。其中 Q-learning 是很常使用的演算法,不過由於 Q-learning 涉及不少浮點數的運算以及需要不小的記憶體空間,因此往往都要在個人電腦、甚至工作站等級的平台上才能完成。而這一章我們將 Q-learning 相關的環境和條件簡化,取其最核心的基礎概念,讓您在 Arduino Nano 上也能完成簡易的 Q-learning 應用。

9-1 什麼是 Q-learning

Q-learning 的 Q 指的是 Q 函式,當我們運用 Q-learning 來處理某件事情,Q 函式就是處理這件事的教戰守則,也就是告知電腦遇到什麼狀況要怎麼做。Q 函式的敘述方式有其固定的格式,主要就是要列出**狀態、動作**和**權重**這 3 個參數,用白話的說法來解釋:

● **狀態**就是處理過程中可能遇到的難題。

● **動作**就是解決問題可以採取的手段或方法。

● **權重**則可視為處理問題的歷程,會把過去的獎勵或懲罰記錄下來。

以往人工智慧的做法是羅列各種狀態,並告訴機器或電腦如何應對每種狀態的動作,而 Q-learning 則加上權重,並透過反覆執行,讓機器或電腦的處理結果漸漸趨於完美。

Q-learning 的權重機制其實和人類處理事情的經驗法則很像,我們會自然而然地歸納出好的經驗,並不斷重複;反之,也會避開不好的經驗,或盡量避免犯重複的錯。若套用到教育學習或經營管理上,也可以用獎懲制度來做比喻,做得好就表揚鼓勵、做不好就責罵處罰,最典型的案例就是訓練寵物的過程。

握手

小狗伸出前腳　　　　　小狗做其他動作

假設您今天要訓練家中愛犬「握手」這個動作，你伸出手到牠的面前，唸出「握手」這個指令。一開始小狗不知道您的用意，可能完全不理你或者舔你的手，多試幾次，某次小狗剛好把牠的前腳放到你的手上，偶然完成了握手這個動作，於是你很高興就拍拍小狗的頭、並給牠零食。反之，當小狗做了不正確的動作或反應，你也可以嚴厲斥責或打牠屁股。在經過無數次的嘗試後，小狗會體會到：聽到主人說「握手」時，如果伸出前腳會有零食吃；做其他動作會被罵、被打，於是牠得出了：「聽到握手 → 伸出前腳 → 有零食吃」這樣的結論。這樣就算是成功完成訓練。

日常生活中的大小事只要能用這 3 個參數來描述出 Q 函式的內容，基本上就可以透過 Q-learning 來解決問題，特別是有明確規則的遊戲或技藝競賽，像是：圍棋、西洋棋、走迷宮、魔術方塊等，或者用來玩電腦遊戲也沒問題。此處我們以知名的「超級瑪莉 (Super Mario Bros.)」遊戲為例，假設要教會機器來玩這個遊戲，要如何描述 Q 函式的內容，以下我們就列出**狀態**、**動作**和**權重**的規劃：

給瑪莉歐的行為準則表 (Q 函式)

1. 當遇到蘑菇時你應該要：			
(A) 撞他	(B) 踩他	(C) 回頭	(D) 往下
-5	15	10	10
2. 當遇到水管時你應該要：			
(A) 進去裡面	(B) 跳過去	(C) 撞它	(D) 回頭
10	20	10	10
3. 當遇到旗竿時你應該要：			
(A) 跳上去	(B) 撞它	(C) 回頭	(D) 往下
40	10	15	20

為了讓機器完成指定任務我們會發給機器一張像這樣的表，其中 1.~3. 就是**狀態**，可以解讀為遇到的問題；而(A)~(D)就是**動作**，可以解讀為問題的答案；每個選項下方都有一個數字，即為**權重**，數字越大代表選該選項可以完成任務的機率越大，機器就可以根據這張表中的分數來做選擇。

Q-learning 中的 learning 指的是學習，當你賦予機器一個行為準則表 (Q 函式) 後，它會不斷的嘗試執行任務，當完成任務時，它所選過的選項會被加分；反之，任務失敗時，它選過的選項也會被扣分，這樣一來它可以藉由不斷的嘗試，找到一個完成任務最佳的方法。

除了上述的 3 個參數外，為了幫助機器可以改善執行的品質，我們可以增加以下參數來幫助它自我修正行為準則表的內容：

- **狀態數量**：代表這個工作或環境中，所有狀態的數量總和。

- **動作數量**：每個狀態可以執行的所有動作數量。

- **學習效率**：這個數值越高，會讓加減分越多，完成學習的速度越快，然而越快的學習速度卻有可能導致機器學習到的結果並非最佳解。

- **學習距離**：每次完成任務，會被加分到的狀態數量，例如我們設定加分距離為 5，那麼就只有最後 5 個狀態的動作會被加分，這個數值設定越大越能考慮到過去的動作。

- **折扣值**：給予加減分時，會根據折扣值打折，一單位距離就扣一次**折扣值**，越遠扣越多，這個數值設定越大，代表對目標越遠的動作越不確定。

- **完成數**：一個狀態內所有動作分數的總和，當總和值到達這個數量時，程式會判定該狀態中分數最高的動作百分比是否有大於**完成率**，如果有就將該狀態視為學習完成，並且設定最高分的動作為正確動作，若沒有大於則繼續學習直到找出大於完成率的動作為止。

請注意! 動作百分比的算法為，一個狀態中最高分的動作除以所有動作的加總分數乘以 100%

- **完成率**: 0~100%，設定越高，代表對學習的品質要求越高。

最後我們做個總整理，一個完整的 Q-learning 步驟應該為：

1. 設定參數

2. 發一張行為準則表(Q 函式)給機器

3. 告訴機器任務目標

4. 機器開始不斷嘗試任務，當完成任務時，從機器最後選的選項開始加分，越早做的選擇加的分越少，任務失敗時，從最後選的選項開始扣分，越早做的選擇扣的分越少。

5. 最後機器用修正好的行為準則表來快速執行任務。

9-2 模擬 Q-learning 玩瑪莉歐

先前我們為超級瑪莉遊戲規劃了 Q-learning 的 Q 函式，現在就假設一個關卡，模擬瑪莉歐依照我們所規劃的 Q 函式闖關的過程：

瑪莉歐目前遇到的場景

我們以超級瑪莉遊戲為例，重新描述 Q-learning 的完整步驟：

1. 設定參數：

- **狀態數量**:瑪莉歐總共會遇到 3 個問題。

- **動作數量**:每個問題都有 4 個選擇。

- **學習效率**:這個數值要依處理的任務來調整，這裡先設為 15。

- **學習距離**:設定為 3，則最多只有 3 個選擇會被加減分。

- **折扣值**: 設為 5，代表前一個選擇的加減分會少 5 分。

- **完成數**: 設為 50。

- **完成率**: 45%。

2. 規劃出一張如下的行為準則表：

1. 當遇到蘑菇時你應該要：			
(A) 撞他	(B) 踩他	(C) 回頭	(D) 往下
10	10	10	10
2. 當遇到水管時你應該要：			
(A) 進去裡面	(B) 跳過去	(C) 撞它	(D) 回頭
10	10	10	10
3. 當遇到旗竿時你應該要：			
(A) 跳上去	(B) 撞它	(C) 回頭	(D) 往下
10	10	10	10

由於一開始不知道怎麼破關，所以每個分數（權重）都設定為 10。

3. 告訴機器任務目標是「破關瑪莉歐遊戲」

本任務的目標自然是要破關遊戲，為了避免無限學習過程，我們也設定了最後學習的目標，稍後會再說明。

4. 嘗試執行任務，假設執行了 3 次：

第一回合

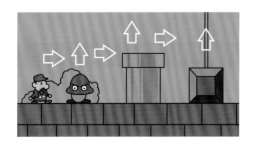

完成任務，所以機器的行為準則表會獲得加分，從最後一個選項開始加分：

遇到蘑菇，踩它 -> 遇到水管，跳過去 -> 遇到旗桿，跳上去 -> 破關

+15　　　　　　+(15-5)　　　　　　+(15-5-5)

學習效率　　　　　　折扣值

最後一個選項是"遇到旗桿，跳上去"，所以將它加15分(學習效率)，接著前一個選項是"遇到水管，跳過去"，此時要加10分，因為減去了1次的折扣值(5)，最後將"遇到蘑菇，採它"這個選項加5分(減2次折扣值)。

第二回合

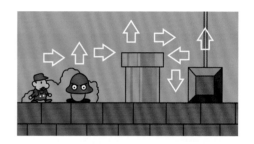

第二回合完成任務，所以機器的行為準則表會獲得加分：

遇到蘑菇,踩它 -> 遇到水管,跳過去 -> 遇到旗桿,回頭 -> 遇到旗桿,往下 -> 遇到旗桿,跳上去 -> 破關

+(15-5-5)　　　　+(15-5)　　　　+15

機器在瑪莉歐遇到旗桿時前兩次都選錯，所以停在原地，我們設定學習距離為 3，因此只有最後 3 個選項會被加分

第三回合

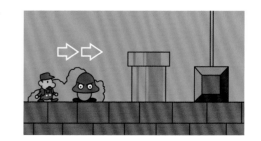

任務失敗，所以機器的行為準則表會被扣分：

遇到蘑菇，撞它 -> 失敗

　　-15

經過 3 次的嘗試後，得到了新的行為準則表：

1. 當遇到蘑菇時你應該要：			
(A) 撞他	(B) 踩他	(C) 回頭	(D) 往下
-5	15	10	10
2. 當遇到水管時你應該要：			
(A) 進去裡面	(B) 跳過去	(C) 撞它	(D) 回頭
10	20	10	10
3. 當遇到旗竿時你應該要：			
(A) 跳上去	(B) 撞它	(C) 回頭	(D) 往下
40	10	15	20

5. 採用分數最高的選項來玩遊戲並破關

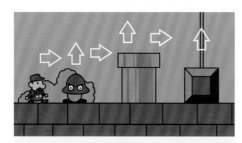

遇到蘑菇踩它，遇到水管，跳過去，遇到旗桿，跳上去。

從這個例子我們可以發現到，機器經過 3 次嘗試已經找出破關的方法了，最後學習的目標為：「完成數大於 50、完成率大於 45％」，Q-learning 會自行檢驗是否完成學習。例如問題 1 的總分為：

1. 當遇到蘑菇時你應該要：			
(A) 撞他	(B) 踩他	(C) 回頭	(D) 往下
-5	15	10	10

-5+15+10+10=30

小於完成數，所以機器會繼續學習。

問題 2 的總分為：

2. 當遇到水管時你應該要：			
(A) 進去裡面	(B) 跳過去	(C) 撞它	(D) 回頭
10	20	10	10

10+20+10+10=50

到達完成數，檢驗最高分選項是否高於完成率，20/50=40％，小於 45％，所以會繼續學習。

最後問題 3 的總分為：

3. 當遇到旗竿時你應該要：			
(A) 跳上去	(B) 撞它	(C) 回頭	(D) 往下
40	10	15	20

40+10+15+20=85

大於完成數，檢驗最高分選項是否高於完成率，40/85=47%，大於 45%，所以機器會將這個問題設定為學習完畢，並且認為 (A) 就是正確答案。

LAB 9 用 Q-learning 學習走出迷宮

走迷宮是過去常用來判斷開發者程式能力的標準，能用最快的速度與最少的步數完成，代表你的程式技巧有相當的水準。我們要使用的是開放式迷宮，因此沒有單一路徑，這可以讓我們看清楚 Q-learning 的運作原理。

設計原理

首先，我們先設計一個開放式迷宮：

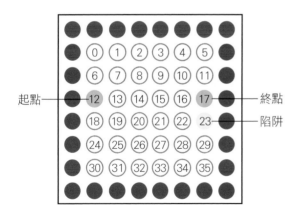

實驗目的

了解 Q-learning 的運作原理，並透過觀察機器學習的過程，看到程式如何利用演算法找出最佳解。

程式碼

請注意!由於本範例多數功能的對應程式碼，前面已經都講解過，因此本章開始，不會逐一講解程式碼內容，只著重說明範例中的程式邏輯概念，讀者可直接開啟範例程式來做對照，並自行上傳到 Arduino Nano 上執行，若想更深入了解程式碼的讀者可以自行參考程式註解。

請開啟 Flag 資料夾，打開『**範例程式/LAB9/LAB9.ino**』，並上傳到遊戲機。

程式碼解說

1. 設定參數

此實驗有 36 個格子 (6×6)，因此有 36 個狀態，每個格子能選 4 種動作，分別是上、下、左、右，另外我們分別設定加減分的學習效率，加分為 10，學習距離為 5，折扣值為 2，減分的學習效率為 5，學習距離為 5，折扣值為 1。

```
const int action=4;//動作 1:左 2:右 3:上 4:下
const int state=36;//狀態
const int comrate=70;//完成率
const int comnum=100;//完成數
```

2. 走迷宮的行為準則表

我們設定行為準則表中(Q 函式)所有的選擇(動作)，一開始的分數 (權重)都為 11。

```
int Q[state][action];//Q-learning 矩陣
for (int i=0;i<state;i++){
  for(int j=0;j<action;j++){
    Q[i][j]=11;
  }
}
```

3. 告訴機器目標任務

　　為當前的格子設定位置編號是相當重要的，我們要把每個格子都對應一個位置編號才能告訴機器它現在在哪個格子上，然而要是為 36 個格子一一設定會很花時間，因此我們需要找到一條運算式，是可以直接用當前的列數與行數來表示當前位置的，以下是該運算式：

```
int pos;//位置
pos =6*(row-1)+(col-1)
```

迷宮的位置編號對照表

0	1	2	3	4	5
6	7	8	9	10	11
12	13	14	15	16	17
18	19	20	21	22	23
24	25	26	27	28	29
30	31	32	33	34	35

　　舉例來說，起點(row=3，col=1)的位置就在編號 12 的格子(pos=6*2+0)，這樣一來我們就能告訴機器，到達位置編號為 17 的格子就是完成任務，而到達位置編號為 23 的格子時，任務失敗。

4. 不斷嘗試執行任務

　　呼叫以下函式，機器會開始嘗試執行任務

```
int AIaction()
```

　　該函式會回傳一個動作值，這個動作值便是機器學習的決定，會隨著不斷的學習，做出更為正確的判斷。

　　在程式跑出結果後，演算法會給予回饋，即跑到終點，為路徑上的狀態所對應的動作加分，而且離目標越遠加分越少；反之，跑到陷阱，為路徑上的狀態所對應的動作減分，離陷阱越遠減的分也越少。

　　為了達成這個效果，我們要呼叫加分函式和減分函式：

```
void p_reward(int learn_rate, const int re_step , const int discount)
void n_reward(int learn_rate, const int re_step , const int discount)
```

　　以下為這兩個函示的參數解釋：

- **learn_rate**:此參數為學習效率，需要注意的是這個數值必須大於等於學習距離*折扣值。

- **re_step**:學習距離，雖然這個數值設定越大越能考慮到過去的動作，然而卻也會影響到學習效率，而且像本範例中就不適合太大的學習距離，原因是最佳路徑的距離比較短。

- **discount**:折扣值。

　　當到達終點時，也就是位置編號為 17 時，完成任務，所以放入加分函式：

```
if(pos==17){
    p_reward(10, 5, 2); //獎勵
}
```

當到達陷阱時，也就是位置編號為 23 時，任務失敗，放入減分函式：

```
if(pos==23){
  n_reward(5, 5, 1);   //懲罰
}
```

5. 找到最佳路徑

當你發現機器開始以很快的速度重複走出迷宮時，就代表它完成學習了。

實測

程式需要花一些時間才能學習到正確的走迷宮方式，過程中你可以發現機器學習的有趣之處，像是當程式跑進陷阱幾次後，之後雖然走到陷阱附近，但也會刻意避開，而且會隨著一次一次的經驗慢慢進步，越來越快，找到最佳的路徑。

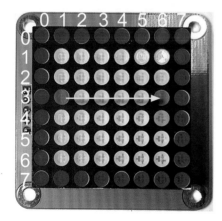

延伸練習

你可以自行調整程式中的參數，來觀察學習的過程，例如提高學習效率，看看程式是否會因此學得比較快，或許你可以找到一組比現在還好的參數。

Memo

10 讓 AI 玩遊戲

上一章我們學習了簡易的 Q-learning，並利用該演算法實作了走迷宮的程式，而這一章，我們要用同樣的演算法來跑第 7 章設計的遊戲 PowerPong。

LAB 10 當 PowerPong 遇上 AI

實驗目的

了解機器學習的特色與優勢，你會發現核心程式碼 (演算法部分)，我們幾乎不必修改，只要調整參數即可。

程式設計

請開啟 **Flag** 資料夾，載入『**範例程式/LAB10/LAB10.ino**』範例檔案，並上傳到遊戲機。

程式解說

此處我們一樣依照前一章執行 Q-learning 的 5 個步驟來解說。

1. 設定參數

● **狀態數量**：彈力球能到達的位置有 24 個，球板可以移動的位置則有 6 個，所以狀態總數是 24*6=144。

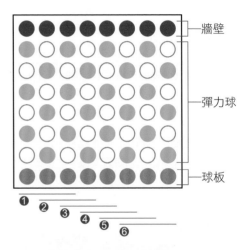

牆壁
彈力球
球板
① ② ③ ④ ⑤ ⑥

● **動作數量**：每個位置上有 2 種選擇，往左或往右。

● **學習效率**：加分的學習效率設為 50，減分設為 7。

● **學習距離**：設定為 7。

● **折扣值**：加分的折扣值設為 2，減分設為 1。

● **完成數**：設為 200。

● **完成率**：70%。

```
const int action=2;//AI 動作
const int state=144;//狀態
const int comrate=70;//完成率
const int comnum=200;//完成數
```

2. 發一張行為準則表給機器

每個動作的初始分數設為 14。

```
int Q[state][action];//Q-learning 矩陣
for (int i=0;i<state;i++){
  for(int j=0;j<action;j++){
    Q[i][j]=14;
  }
}
```

3. 告訴機器任務目標

先以下方的方程式來告知機器目前的狀態:

```
pos=( 24*(row-1) )+( 3*(col-(1-row%2)) )+board_pos;//計算位置
```

任務目標是要接到球(Reset==0),所以沒接到球(Reset==1)就是任務失敗。接到球時放入加分函式,沒接到時放入減分函式。

```
if(Reset==0){
  startPlayback(pong, sizeof(pong));
  p_reward(50, 7, 2);
}
else if(Reset==1){
  startPlayback(failure, sizeof(failure));
  nreward(7, 7, 1);
}
```

4. 機器開始不斷嘗試任務

原本我們是利用下方的判斷式,透過搖桿來移動球板位置:

```
if(analogRead(A0)>650){//如果搖桿往右
  action=1;
}
else if(analogRead(A0)<10){ //如果搖桿往左
  action=2;
}
else{//如果搖桿沒反應
  action=0;
}
```

現在我們改用以下的 AI 函式來呼叫機器的選擇結果:

```
int AIaction()
```

當完成任務時,獲得加分,任務失敗時,則是扣分,機器藉由加減分修正一開始的行為準則表。

5. 學會玩遊戲

最後機器用修正好的行為準則表來玩我們設計的 PowerPong 遊戲,機器學習的優點在這裡就完全體現出來,因為不需要開發者思考如何應付這個遊戲,只要將演算法的參數和任務目標設定正確,程式就會自動將結果呈現出來。

實測

你會看到 AI 自行學習怎麼玩遊戲,從一開始的不斷失誤,到最後的百發百中。

球板沒接到球

一開始會不斷失誤、漏接

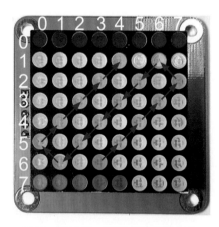

訓練一陣子後，就幾乎百發百中了

Memo

11 互動遊戲 - 你與 AI 間的對決

在學會了遊戲機各個組件的使用後，我們也實作了機器學習中的 Q-learning，一路過關斬將到這裡，我們總算要來完成最後的關卡了，那就是向 AI 下挑戰書，來場正式的對決。

LAB 11-1 與 AI 對打的遊戲機

實驗目的

將先前學會的所有技巧綜合起來，實作一台可以和 AI 互動的遊戲機。

程式設計

這個實驗與前一個實驗很類似，只是由於玩家要對決 AI，所以兩者都各自有擁有球板可以接球，因此需要增加一個球板，也多一次接到球與否的判定。為了讓玩家操作上比較直覺，我們會將 AI 端改到上方 (第 0 列)，下方 (第 7 列) 的球板才是由玩家操控，然後再增加一個玩家失誤的音效。

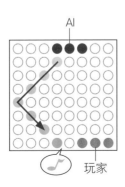

AI

玩家

請開啟 Flag 資料夾，打開『範例程式/LAB11-1/LAB11-1.ino』，並上傳到遊戲機。

程式解說

與 LAB10 相比，本實驗新增了以下幾行程式：

```
int board_pos_p=2;//玩家球板位置
bool Reset_p=0;    //玩家重置
int action_p=0;  //玩家動作
```

這些變數是為了區別出玩家的球板與 AI 的不同，因此需要多一些變數來儲存。

多一個判斷式來分別判斷玩家和 AI 是否有接到球：

```
/////////////判斷玩家是否接到球///
if(row==6){
    .......................
}
/////////////判斷玩家接球結束///
/////////////判斷 AI 是否接到球///
if(row==1){
    .......................
}
/////////////判斷 AI 接球結束///
```

玩家輸球時播放音效：

```
const unsigned char success[] PROGMEM = {"success.txt"}

if(Reset_p==1){
    startPlayback(success, sizeof(success));
}
```

實測

從現在開始您可以和 AI 來場正面對決了，與 AI 大戰 PowerPong，一開始你或許還能佔到一點便宜，但相信沒多久之後，你就再也不是他的對手了。

LAB 11-2 讓 AI 自我訓練的作弊模式

實驗目的

為 AI 遊戲機增加新功能。

程式設計

為了方便觀察機器學習的行為以及增加遊戲的可玩性，我們還可以增加兩個功能，一個是利用搖桿的按鈕來切換模式，其中一個模式是學習模式，讓 AI 能對著牆自我練習，另一個是對決模式，讓人與 AI 互相對打，第二個功能是利用搖桿的上下軸來控制遊戲的速度，好讓我們掌控遊戲的節奏，在 AI 學習模式時，您可以選擇將速度調快，縮短 AI 的學習時間，而在對決模式時，也可以藉由調整遊戲速度，來提高玩家的難易度。

請開啟 Flag 資料夾，打開『**範例程式/LAB11-2/LAB11-2.ino**』，並上傳到遊戲機。

程式解說

當按下搖桿按鈕時，進入中斷程式，切換模式:

```
pinMode(2,INPUT_PULL_UP);
attachInterrupt(0, int0, LOW);
void int0(){//按鈕中斷
  VS=!VS;
  if(VS==1){
    myLED.UpdateOneLine(2, 7, 0);
    myLED.SetLed(2, 7, board_pos_p, 1);myLED.SetLed(2, 7,
board_pos_p+1, 1);myLED.SetLed(2, 7, board_pos_p+2, 1);
```

```
}
  else{
    myLED.UpdateOneLine(2, 7, 255);
  }
  for(int i=0;i<1000;i++){//防彈跳
    delayMicroseconds(300);
  }
}
```

使用搖桿的上下軸來調節遊戲速度:

```
int delaytime=100;//遊戲速度
//////////調節速度//////////
  if(analogRead(A1)>650 && (delaytime<100)){
    delay(100);
    delaytime+=10;
  }
  else if(analogRead(A1)<10 && (delaytime>0)){
    delay(100);
    delaytime-=10;
  }
//////////調節速度結束//////
  delay(delaytime);
```

實測

嘗試看看按下搖桿按鈕進入學習模式，此時你的球板會瞬間變成一整行的寬度，就彷彿是作弊一般，讓 AI 可以自我訓練，你也可以用上下搖桿調節速度，讓 AI 學習更快，當然速度越快，遊戲難度越高，但對 AI 來說，這完全不是問題。

 關於本套件的出廠預錄程式，由於邏輯較為複雜，因此書中不做說明。有興趣的讀者，可以開啟『範例程式/recovery/ recovery. ino』，自行參考程式註解。